Roza Serova
Galiya Rakhimova
Eugenia Stasilovich

Normalização e metrologia na produção de materiais de construção

Roza Serova
Galiya Rakhimova
Eugenia Stasilovich

Normalização e metrologia na produção de materiais de construção

ScienciaScripts

Imprint
Any brand names and product names mentioned in this book are subject to trademark, brand or patent protection and are trademarks or registered trademarks of their respective holders. The use of brand names, product names, common names, trade names, product descriptions etc. even without a particular marking in this work is in no way to be construed to mean that such names may be regarded as unrestricted in respect of trademark and brand protection legislation and could thus be used by anyone.

Cover image: www.ingimage.com

This book is a translation from the original published under ISBN 978-620-2-09612-6.

Publisher:
Sciencia Scripts
is a trademark of
Dodo Books Indian Ocean Ltd. and OmniScriptum S.R.L publishing group

120 High Road, East Finchley, London, N2 9ED, United Kingdom
Str. Armeneasca 28/1, office 1, Chisinau MD-2012, Republic of Moldova, Europe
Printed at: see last page
ISBN: 978-620-8-01858-0

Índice

Introdução

O problema da qualidade dos produtos, obras e serviços é relevante para todos os países, independentemente da maturidade da sua economia de mercado. Para participar na economia mundial e nas relações económicas internacionais, é necessário melhorar a economia nacional tendo em conta as realizações e as tendências globais.

A fase moderna de desenvolvimento da comunidade mundial caracteriza-se por um movimento progressivo no sentido da criação de um mercado comum de bens e serviços, divisão internacional do trabalho, solução colectiva de questões de segurança e proteção ambiental. Este movimento é impossível sem garantir a uniformidade dos requisitos da documentação técnica para componentes, métodos de fabrico e equipamento sem garantir a uniformidade das medições, etc.

Uma direção importante da atividade das organizações de normalização é o trabalho de criação de documentos normativos e actividades práticas de certificação de produtos e produções. Estas medidas destinam-se a garantir os interesses dos consumidores, a proteção do ambiente e a segurança.

Uma das caraterísticas mais importantes dos produtos é a sua qualidade. A qualidade é um conjunto de caraterísticas de um objeto que se relaciona com a sua capacidade de satisfazer necessidades estabelecidas e previstas. Um objeto pode ser uma atividade ou um processo, um produto, uma organização, um sistema ou um indivíduo, ou qualquer combinação destes.

São utilizados métodos normalizados e equipamento de medição para avaliar objetivamente a qualidade dos produtos fabricados por diferentes fabricantes. A disponibilidade de um sistema normalizado de ensaio de produtos fornece critérios objectivos para avaliar a qualidade dos produtos e estimula os fabricantes numa economia de mercado a melhorar a qualidade dos produtos. O desejo do produtor de realizar produtos no mais curto espaço de tempo possível estimula-o a melhorar continuamente a qualidade dos produtos.

Definição ISO: A normalização é uma atividade que visa atingir um grau ótimo de regularização num determinado domínio, estabelecendo disposições para uma utilização universal e repetida no que diz respeito a problemas reais e potenciais.

Cada grandeza física pode ser medida por diferentes métodos. Numa determinada situação, o resultado obtido difere em termos de precisão. Através da análise dos resultados, foi possível selecionar um método que, nas condições dadas, permite obter o resultado mais exato a um custo mínimo. Este método é aprovado como norma.

Assim, os objectos, processos ou soluções que se repetem sob a forma de variantes (ou que têm a possibilidade de o fazer) estão sujeitos à normalização; os fenómenos que não se repetem ou que se repetem mas não têm variantes não estão sujeitos à normalização.

O resultado mais importante da introdução da normalização é o aumento do grau de conformidade dos objectos de normalização com o seu objetivo funcional.

1 Fundamentos da normalização

1.1 Caraterísticas gerais da normalização

A normalização é uma atividade que visa desenvolver e estabelecer requisitos, normas, regras, caraterísticas, tanto obrigatórias como recomendadas, garantindo o direito do consumidor a adquirir bens de qualidade adequada a um preço aceitável, bem como a segurança e o conforto do trabalho.

O objetivo da normalização é alcançar um grau ótimo de ordem num determinado domínio, estabelecendo disposições para uma utilização universal e repetida em relação a tarefas reais ou potenciais.

Os principais objectivos da normalização:

- proteger os interesses do consumidor e do Estado em matéria de qualidade e gama de produtos, serviços, processos, sua segurança para a vida e a saúde humanas e proteção do ambiente;

- melhorar a qualidade, a compatibilidade e a permutabilidade dos produtos;

- Eliminação dos obstáculos técnicos à produção e ao comércio,

garantir a competitividade dos produtos;

- poupar recursos humanos e materiais e melhorar o desempenho económico da produção;

- melhorar a capacidade de defesa do país;

- garantir a segurança das instalações do Estado, tendo em conta a possibilidade de ocorrência de catástrofes naturais ou provocadas pelo homem e de outras situações de emergência;

- harmonização com os sistemas de normalização internacionais, regionais e nacionais de outros países.

Os objectivos específicos da normalização dizem respeito a um determinado domínio de atividade, a uma indústria de bens e serviços, a um determinado tipo de produto, a uma empresa, etc. [1].

Objectivos da normalização:

- assegurar a compreensão mútua entre os criadores, os fabricantes, os vendedores e os consumidores (clientes);

- estabelecimento de requisitos óptimos para a nomenclatura e a qualidade dos produtos, no interesse do consumidor e do Estado, e garantia da segurança do ambiente, da vida e da saúde das pessoas, bem como da preservação dos seus bens;

- desenvolvimento de requisitos de compatibilidade e permutabilidade de produtos;

- estabelecimento de normas, regras, regulamentos e requisitos metrológicos;

- Criação e introdução de sistemas de classificação da informação técnica e económica;

- cumprimento da legislação RK através de métodos e meios de normalização.

Standard (do inglês norm, sample), no sentido lato da palavra - uma amostra, padrão, modelo, tomado como referência para comparação com outros objectos semelhantes.

As normas definem o procedimento e os métodos para planear a melhoria da qualidade em todas as fases do ciclo de vida.

A norma é um documento normativo e técnico que estabelece requisitos básicos para a qualidade dos produtos, regras para o seu desenvolvimento, produção e aplicação.

Segundo a definição da norma ISO/IEC 2: Uma *norma* é um documento, elaborado por consenso e aprovado por um organismo reconhecido, que estabelece, para uso universal e repetido, regras, princípios gerais relativos a diferentes actividades ou aos seus resultados, com o objetivo de atingir um grau ótimo de regularização num determinado domínio.

As normas de qualidade devem ser acordadas por cada empresa aquando da celebração de contratos de fornecimento de produtos ao mercado, da participação em concursos e concursos, da obtenção de encomendas estatais e de empréstimos favoráveis. De acordo com a legislação, o desenvolvimento de normas estatais é confiado à empresa líder do sector. O projeto desenvolvido recebe feedback, é ajustado, aprovado e torna-se obrigatório para todas as entidades existentes [2].

Ao elaborar normas, ter em conta as normas internacionais e regionais já adoptadas e assegurar a conformidade dos requisitos das normas com as normas da legislação, a otimização dos requisitos incluídos nas normas.

As normas são formuladas de forma clara e explícita para garantir que os seus requisitos sejam compreendidos sem ambiguidade.

Os objectos de normalização são: produtos, processos (obras), serviços, que têm a perspetiva de reprodução e (ou) utilização repetidas. *O domínio de normalização* é um conjunto de objectos de normalização inter-relacionados. Por exemplo, a área de normalização é a indústria dos materiais de construção, sendo os objectos de normalização nela incluídos - diferentes tipos de materiais.

A normalização tem lugar a diferentes níveis. O *nível de normalização* difere em função da região geográfica, económica ou política do mundo que adopta a norma.

Normalização *internacional* - normalização que está aberta às autoridades competentes de qualquer país.

A normalização regional é uma atividade aberta aos organismos competentes dos Estados de uma única região geográfica, política ou económica do mundo.

Normalização nacional - normalização num determinado Estado. Neste caso, a normalização nacional pode ser levada a cabo a diferentes níveis: estatal, setorial, num sector particular da economia (por exemplo, ao nível dos ministérios), ao nível das associações, empresas, instituições.

A gestão dos trabalhos de normalização na República do Cazaquistão é assegurada pelo organismo autorizado de normalização, metrologia e certificação.

Organismo autorizado em matéria de normalização, metrologia e certificação:

1) define e executa uma política estatal unificada no domínio da normalização;

2) coordena as actividades dos organismos da administração pública, das pessoas singulares e das pessoas colectivas neste domínio;

3)	participa em trabalhos de normalização interestatal, internacional e regional;

4)	organiza e efectua o controlo estatal do cumprimento dos requisitos obrigatórios dos documentos normativos de normalização;

5)	estabelece um sistema estatal de normalização;

6)	organiza a formação e a reciclagem profissional do pessoal no domínio da normalização;

7)	estabelece o procedimento de aplicação das normas internacionais, regionais e nacionais, bem como das regras e recomendações em matéria de normalização;

8)	interage com pessoas singulares e colectivas, comités técnicos de normalização;

9)	estabelece nas normas, regras e recomendações estatais do sistema estatal de normalização as regras gerais de organização, metodologia e técnicas gerais para a realização de trabalhos de normalização, formas e métodos de interação das entidades físicas e jurídicas entre si, com os organismos da administração estatal;

10)	assegura a tradução de documentos normativos sobre normalização para as línguas nacional e russa e a sua confirmação;

11)	estabelece o procedimento de análise por peritos dos documentos normativos sobre normalização para verificar a sua conformidade com os requisitos das normas, normas internacionais e regionais.

Os organismos da administração pública da República do Cazaquistão participarão nos trabalhos de normalização no âmbito das suas competências.

As pessoas singulares e colectivas organizam e executam as actividades de normalização nos termos da presente lei e de outros actos normativos que regulem as relações no domínio da normalização no âmbito da sua competência, podendo criar para a execução desses trabalhos subdivisões e serviços de normalização adequados, incluindo comités técnicos de normalização.

O Organismo Autorizado de Normalização, Metrologia e Certificação representa a República do Cazaquistão em organizações internacionais e regionais de normalização, metrologia, certificação, gestão da qualidade e acreditação no âmbito da sua competência.

A estrutura organizativa do sistema estatal de normalização é constituída por

1) do organismo autorizado de normalização, metrologia e certificação, das suas subdivisões territoriais e das empresas subordinadas;

2) os organismos da administração pública da República do Cazaquistão, no âmbito das suas competências, no domínio da normalização;

3) pessoas singulares e colectivas, incluindo comités técnicos, peritos - auditores em matéria de normalização;

4) do Fundo Estatal de Normalização da República do Cazaquistão.

Os documentos regulamentares sobre normalização, que funcionam no sistema de normalização estatal da República do Cazaquistão, incluem:

1) Normas estatais da República do Cazaquistão ST RK (a seguir designadas "normas estatais");

2) classificadores estatais de técnicos e económicos

informação - GK TEI (a seguir designados por classificadores estatais de informação técnica e económica);

3) normas interestatais - GOST (a seguir designadas por normas interestatais), classificadores de informação técnica e económica, regras e recomendações;

4) normas internacionais, regionais e nacionais, classificadores de informação técnica e económica, condições técnicas, regras, instruções, regulamentos, diretrizes, instruções metodológicas e recomendações sobre normalização aplicadas de acordo com o procedimento estabelecido;

5) normas das sociedades científicas e técnicas, de engenharia e outras associações públicas;

6) recomendações;

7) normas firmes;

8) especificações;

9) normas do sector.

Os requisitos estabelecidos pelos documentos regulamentares em matéria de normalização devem basear-se nas realizações da ciência, da engenharia e da tecnologia e não devem ser contrários à legislação da República do Cazaquistão, aos regulamentos técnicos aplicáveis, aos requisitos das normas internacionais, regionais e nacionais de países estrangeiros, às regras e recomendações em matéria de normalização, tendo em conta as condições de utilização dos produtos, a execução de processos (obras) e serviços, as condições e os modos de trabalho.

Na elaboração de documentos normativos sobre normalização, são utilizados regulamentos e normas técnicas internacionais ou os seus projectos em fase de conclusão, exceto nos casos em que não satisfaçam os requisitos de segurança da vida e da saúde das pessoas, de proteção do ambiente e as normas técnicas adoptadas na República do Cazaquistão [3].

Os documentos normativos relativos à normalização de produtos, processos (obras), serviços sujeitos a certificação obrigatória devem conter os requisitos para os quais é efectuada a certificação obrigatória, os métodos de controlo do cumprimento desses requisitos, as regras de rotulagem e de embalagem dos produtos, as informações sobre a certificação.

Os documentos normativos de normalização não devem constituir um obstáculo técnico à produção e ao comércio com outros Estados.

Os indicadores do objetivo e da compatibilidade técnica de grupos e tipos específicos de produtos são estabelecidos durante o desenvolvimento e a colocação dos produtos em produção, em conformidade com as normas e os requisitos adoptados no território da República, salvo disposição em contrário do acordo (contrato) para a sua entrega.

O registo de documentos normativos sobre normalização é cancelado de acordo com o procedimento estabelecido, se as suas normas e requisitos não forem aplicados no território da República, bem como em caso de alterações nas regras do comércio internacional.

As normas estatais e os classificadores de informação técnica e económica, bem como os documentos normativos sobre normalização, aprovados por organismos da administração pública no âmbito das suas competências, não são objeto de direitos de autor.

Os documentos normativos interestatais em matéria de normalização são elaborados, coordenados e adoptados segundo a ordem estabelecida pelo Conselho Interestatal de Normalização, Metrologia e Certificação.

1.2 Documentos normativos sobre normalização

Documento normativo (DN) - documento que estabelece regras, princípios gerais ou caraterísticas relativas a várias actividades ou aos seus resultados.

Distinguem-se os seguintes tipos de documentos regulamentares.

Uma *norma é um* documento normativo elaborado por consenso, aprovado por um organismo reconhecido, que visa alcançar um grau ótimo de ordem num determinado domínio. Uma norma estabelece, para uso universal e repetido, princípios gerais, regras, caraterísticas relativas a várias actividades ou aos seus resultados.

As normas são *internacionais, regionais, nacionais, administrativas e territoriais*. São adoptadas pelas autoridades competentes e utilizadas pelo leque de consumidores em causa. As normas são revistas periodicamente, a fim de introduzir alterações que mantenham os seus requisitos em conformidade com o progresso científico e técnico.

Um documento de especificação estabelece requisitos técnicos para um produto, serviço ou processo. Este documento especifica normalmente os métodos ou procedimentos a utilizar para verificar a conformidade com os requisitos deste documento normativo nas situações em que tal seja necessário.

O Código de Conduta pode ser uma norma autónoma ou um documento independente, bem como parte de uma norma. O Código de Conduta é normalmente desenvolvido para os processos de conceção, instalação de equipamentos e estruturas, manutenção ou funcionamento de objectos, estruturas e produtos.

Todos os documentos normativos acima referidos têm carácter *recomendatório*. Em contrapartida, os regulamentos são obrigatórios. Um *regulamento* é um documento que contém normas jurídicas obrigatórias. Um regulamento é adotado por um organismo de normalização, como acontece com os outros documentos normativos. Um tipo de regulamento - regulamento técnico - é um documento que contém requisitos técnicos para o objeto da normalização. Podem ser apresentados diretamente neste documento ou por referência a outro documento normativo.

O Guia ISO apresenta os seguintes tipos possíveis de normas.

Uma norma fundamental é um documento normativo que fornece declarações gerais ou orientadoras para um determinado domínio. Normalmente utilizada como norma ou como documento de orientação a partir do qual podem ser desenvolvidas outras normas.

Norma terminológica em que o objeto de normalização são os termos.

A *norma de métodos de ensaio* especifica os métodos, regras e procedimentos para vários ensaios e actividades relacionadas (por exemplo, amostragem ou recolha de amostras).

Uma norma de produto contém requisitos de produto que garantem que o produto é adequado ao fim a que se destina. Pode ser completa ou incompleta. Uma norma completa especifica não só os requisitos acima referidos, mas também as regras de amostragem, ensaio, embalagem, rotulagem, armazenamento, etc.

Norma para processo, norma para serviço são documentos normativos em que o objeto da normalização é, respetivamente, um processo (por exemplo, tecnológico) ou um serviço (por exemplo, trabalhos de reparação, serviços ao consumidor).

A *norma* de compatibilidade estabelece requisitos relacionados com a compatibilidade do produto como um todo, bem como das suas partes individuais (peças, conjuntos).

As normas estatais são elaboradas para produtos, obras e serviços, cujas necessidades são de natureza intersectorial. Contêm tanto requisitos obrigatórios para o objeto da normalização como requisitos recomendados. Os obrigatórios incluem: segurança do produto, do serviço, do processo para a saúde humana, o ambiente, a propriedade, bem como normas de segurança industrial e sanitária; compatibilidade técnica e de informação e permutabilidade dos produtos; unidade dos métodos de controlo e unidade da rotulagem.

As normas industriais (OST) são desenvolvidas em relação aos produtos de uma determinada indústria. Os seus requisitos não devem ser contrários aos requisitos obrigatórios das normas estatais, bem como às regras e normas de segurança estabelecidas para o sector. Os objectos da normalização industrial podem ser produtos, processos e serviços utilizados na indústria, etc.

As normas de empresa (NSE) são desenvolvidas e aplicadas pela própria empresa. Os objectos de normalização são geralmente os componentes da organização e da gestão da empresa, cuja melhoria é o principal objetivo da normalização a este nível.

Normas de Associações Públicas (OST) - documentos normativos desenvolvidos, em regra, para tipos fundamentalmente novos de produtos, processos ou serviços; novos métodos de ensaio, etc.

As Especificações *Técnicas* (ET) são desenvolvidas pelas empresas quando não é conveniente criar uma norma. O objeto da TU pode ser produtos de entrega única, produzidos em pequenos lotes.

Tipos de normas:

1)   *As normas fundamentais* são desenvolvidas para promover a compreensão mútua, a unidade técnica e a interligação das actividades em diferentes domínios da ciência, da tecnologia e da produção;

2)   *as normas de produtos (serviços)* estabelecem requisitos para um tipo específico de produto ou para um grupo de produtos homogéneos:

3)   *as normas para obras (processos)* estabelecem requisitos para tipos específicos de obras que são efectuadas em diferentes fases do ciclo de vida do produto: desenvolvimento, produção, funcionamento, armazenamento, transporte, reparação, eliminação;

4)   *normas para os métodos de controlo (testes, medições, análises).*

1.3 Funções desempenhadas pela normalização

Nas relações de mercado, a normalização tem três funções: económica, social e comunicativa.

A *função económica* permite que as partes interessadas recebam informações fiáveis sobre o produto de uma forma clara e conveniente. A referência à norma nos termos do contrato obriga o fornecedor a fornecer produtos com a qualidade garantida pela norma. A normalização dos métodos de ensaio permite a comparação das caraterísticas dos produtos, o que é importante para avaliar a sua competitividade.

A *função social da* normalização é a exigência de incluir nas normas os indicadores de qualidade do objeto da normalização que contribuem para a segurança e a saúde no trabalho.

A *função comunicativa* está relacionada com a obtenção de uma compreensão mútua na sociedade através do intercâmbio de informações. Para o efeito, são necessários termos normalizados, interpretações de conceitos, símbolos e regras uniformes de trabalho administrativo[4].

1.4 Princípios e métodos de normalização

A normalização, como ciência e como atividade, baseia-se em certas disposições iniciais - princípios.

Os *princípios da normalização* reflectem as regularidades básicas do processo de desenvolvimento de normas e da sua aplicação. Podem ser identificados sete grandes princípios de normalização:

1)   equilíbrio de interesses entre as partes que desenvolvem, fabricam, fornecem e consomem produtos (serviços); todas as partes interessadas na normalização de qualquer objeto devem chegar a um consenso, ou seja, à ausência de objecções sobre questões essenciais por parte da maioria das partes interessadas;

2)   sistematicidade e complexidade, ou seja, considerar cada objeto como parte de

um sistema mais complexo;

3)   dinamismo e desenvolvimento avançado. A primeira é assegurada pela revisão periódica das normas, alterações, revisões e anulação de normas obsoletas; a segunda é assegurada pela tomada em consideração das tendências de desenvolvimento e das normas avançadas de outros países ou empresas na elaboração de normas;

4)   eficácia da normalização. A aplicação dos documentos normativos (DN) deve produzir efeitos económicos, técnicos, informativos ou sociais;

5)   Dar prioridade ao desenvolvimento de normas que promovam a segurança, a compatibilidade e a permutabilidade de produtos e serviços;

6)   harmonização a nível interestatal e internacional, de modo a não criar obstáculos ao comércio internacional;

7)   a clareza da redação das disposições das normas, a fim de evitar ambiguidades na redação das diretivas nacionais.

Um *método de normalização* é um conjunto de técnicas através das quais os objectivos da normalização são alcançados.

Os principais métodos de normalização:

1) *Arranjo dos objectos de normalização* - redução da diversidade. O arranjo dos objectos de normalização é um método universal no domínio da normalização de produtos, processos e serviços. A organização como gestão da diversidade está principalmente associada à redução dessa diversidade. Inclui:

a)   *sistematização* - classificação, agrupamento e ordenação de agregados de objectos com base científica. A sistematização consiste na disposição numa determinada ordem e sequência, conveniente para a utilização. A forma mais simples de sistematização é a disposição do material sistematizado por ordem alfabética (em livros de referência, bibliografias, etc.). Na tecnologia, é muito utilizada a sistematização numérica por ordem numérica ou por sequência cronológica. Por exemplo, numa norma, para além do número, são introduzidos os algarismos que indicam o ano da sua aprovação.

б) *seleção* - seleção razoável de objectos que são reconhecidos como adequados para produção e utilização posteriores;

в) *simplificação* - seleção razoável de objectos que são reconhecidos como inadequados para produção e utilização posterior;

г) *Tipificação* - criação de objectos *típicos* que podem ser sujeitos a algumas transformações ou adaptações não radicais para aplicações específicas. A tipificação é um método de normalização que consiste no estabelecimento de objectos normalizados para um determinado conjunto, utilizados como base para a criação de outros objectos com objectivos funcionais próximos. A tipificação é desenvolvida em três direcções principais: normalização de processos tecnológicos normalizados; normalização de desenhos normalizados de produtos de uso geral; criação de documentos normativos e técnicos que estabelecem o procedimento para a realização de qualquer trabalho, cálculos, testes, etc. A tipificação de processos tecnológicos é o desenvolvimento e o estabelecimento de um processo tecnológico para a produção de peças semelhantes ou a montagem de componentes ou produtos semelhantes de um ou outro grupo de classificação. A tipificação de processos tecnológicos é causada pela necessidade de reduzir o número excessivamente grande de processos para as peças ou conjuntos do mesmo tipo. Muitas vezes o processo tecnológico é desenvolvido de novo sem ter em conta a experiência existente. Ao mudar o objeto de produção, todo o volume de desenvolvimentos tecnológicos é repetido de novo e uma parte significativa dos processos tecnológicos duplica os processos desenvolvidos anteriormente. A tipificação dos processos tecnológicos na sua otimização permite excluir as desvantagens mencionadas e acelerar o processo de preparação da produção.

д) *otimização* - encontrar os indicadores óptimos dos objectos de normalização de acordo com determinados critérios (por exemplo, eficiência económica) utilizando modelos matemáticos especiais de otimização bidimensionais ou multidimensionais;

2) *Normalização paramétrica.* Um parâmetro de um produto é uma caraterística quantitativa das suas propriedades. A normalização paramétrica consiste na seleção e justificação da nomenclatura adequada e do valor numérico dos parâmetros;

3)   *Unificação de produtos*. A unificação de produtos é entendida como a atividade de redução racional do número de tipos de peças e unidades com o mesmo objetivo funcional. Baseia-se na classificação e ordenação, seleção e simplificação, tipificação e otimização dos elementos do produto acabado. A base da unificação de filas de peças, conjuntos, unidades, máquinas e dispositivos é a sua semelhança construtiva, que é determinada pela semelhança do processo de trabalho, condições de trabalho dos produtos, ou seja, a semelhança dos requisitos operacionais.

Distinguem-se os seguintes tipos de unificação: normalizada, intra-dimensionada e inter-tipo.

A unificação de tamanho de tipo é aplicada a produtos com o mesmo objetivo funcional, que diferem uns dos outros pelo valor numérico do parâmetro principal.

A unificação intra-tipo é efectuada em produtos com o mesmo objetivo funcional, com o mesmo valor numérico do parâmetro principal, mas que diferem na conceção dos componentes.

A unificação inter-tipo é efectuada em produtos de diferentes tipos e de diferentes concepções (por exemplo, unificação de fresadoras longitudinais, aplainadoras e rectificadoras entre si).

Os trabalhos de unificação podem ser efectuados aos seguintes níveis: fábrica, indústria, interindústria e internacional.

O nível de unificação dos produtos ou dos seus componentes é determinado por meio de um sistema de indicadores, cujo coeficiente de aplicabilidade ao nível da dimensão, calculado em percentagem, é obrigatório:

$$K_{mp}^{m} = \frac{n - n_o}{n} \cdot 100\%,$$

em que n é o número total de dimensões do produto;

$_0$n - número de tamanhos de originais.

A aplicação da unificação permite reduzir visivelmente o volume de trabalho de conceção e reduzir o tempo de conceção; reduzir o tempo de preparação da produção e o domínio de novos produtos; aumentar o volume de produção devido à especialização, bem como a qualidade dos produtos.

No entanto, a unificação acompanhada de certos custos exige uma justificação económica. A unificação injustificada pode ter um efeito negativo, em particular, quando é necessário utilizar as peças unificadas de grandes dimensões mais próximas, provocando um aumento injustificado do peso, das dimensões e da intensidade da mão de obra no fabrico da máquina.

Otimizar a normalização significa normalizar os modelos e as suas gamas de dimensões de modo a obter a maior eficiência total na produção e no funcionamento.

As principais direcções da unificação são:

- desenvolvimento de gamas paramétricas e de dimensões de produtos, máquinas, equipamentos, dispositivos, unidades e peças;

- desenvolvimento de produtos normalizados, a fim de criar grupos unificados de produtos homogéneos;

- desenvolvimento de processos tecnológicos unificados, incluindo processos tecnológicos para a produção especializada de produtos de aplicação inter-industrial;

- limitar a um mínimo razoável a gama de produtos e materiais cuja utilização é autorizada.

Os resultados do trabalho de unificação são formalizados de diferentes formas: podem ser álbuns de desenhos normalizados (unificados) de peças, unidades, conjuntos; normas de tipos, parâmetros e dimensões, desenhos, classes, etc.

4) *A agregação* é um método de criação de máquinas, dispositivos e equipamentos a partir de unidades unificadas padrão separadas que são repetidamente utilizadas na criação de vários produtos com base na permutabilidade geométrica e funcional. A agregação permite alargar a área de aplicação de máquinas, dispositivos e equipamentos com diferentes objectivos funcionais, através da sua montagem a partir de unidades separadas fabricadas em empresas especializadas. Estas unidades devem ser totalmente permutáveis em todos os indicadores operacionais e dimensões de

ligação. A agregação permite reduzir o volume do trabalho de conceção e de engenharia, encurtar o tempo de preparação e de domínio da produção, reduzir a intensidade do trabalho de fabrico dos produtos e reduzir o custo das operações de reparação. As máquinas-ferramentas agregadas constituídas por elementos unificados generalizaram-se. Quando se muda o objeto de produção, podem ser facilmente desmontadas e novas máquinas para maquinar outras peças podem ser montadas a partir das mesmas unidades.

5) *Normalização complexa.* Na normalização complexa, o desenvolvimento de um sistema de requisitos inter-relacionados é efectuado tanto para o objeto da normalização complexa como um todo, como para os seus elementos principais, a fim de resolver de forma óptima um problema específico.

6) *Normalização avançada.* Este método implica o estabelecimento de normas e requisitos mais elevados em relação ao nível já alcançado na prática para os objectos de normalização, que se prevê que venham a ser optimizados no futuro.

1.5 Normalização internacional e regional

A normalização internacional é um conjunto de organizações internacionais de normalização e os produtos das suas actividades - normas, recomendações, relatórios técnicos e outros produtos científicos e técnicos. Existem três organizações deste tipo: a Organização Internacional de Normalização (ISO), a Comissão Eletrotécnica Internacional (IEC) e a União Internacional das Telecomunicações (UIT).

A Organização Internacional de Normalização é a maior e mais autorizada das organizações acima referidas. O seu principal objetivo está definido nos Estatutos da ISO: "promover o desenvolvimento da normalização à escala mundial para assegurar o intercâmbio internacional de bens e a assistência mútua e aumentar a cooperação nos domínios das actividades intelectuais, científicas, técnicas e económicas".

O principal objetivo das normas internacionais é fornecer uma base metodológica comum a nível internacional para o desenvolvimento de novos sistemas de qualidade e para a melhoria dos existentes, bem como para a sua certificação.

Nos últimos anos, a ISO tem dedicado muita atenção à normalização dos sistemas de garantia da qualidade. O resultado prático destes esforços é o desenvolvimento e a publicação de normas internacionais. Ao elaborá-las, a ISO tem em conta as expectativas de todas as partes interessadas - produtores de produtos (serviços), consumidores, organizações governamentais, científicas, técnicas e públicas.

A estratégia da ISO nos últimos anos centrou-se no comércio e nas actividades económicas, que exigem o desenvolvimento de soluções adequadas no interesse do mercado, e num modelo operacional que utilize plenamente o potencial das tecnologias da informação e dos sistemas de comunicação, tendo sobretudo em conta os interesses dos países em desenvolvimento e a emergência de um mercado global em condições de igualdade.

As normas ISO, que acumulam a experiência científica e técnica avançada de muitos países, têm por objetivo assegurar a unidade dos requisitos para os produtos que são objeto de trocas internacionais de mercadorias, incluindo a permutabilidade de componentes, métodos uniformes de ensaio e avaliação da qualidade dos produtos.

Os utilizadores das normas internacionais ISO são a indústria e as empresas, as organizações governamentais e não governamentais, os consumidores e a sociedade em geral.

As normas internacionais ISO não têm o estatuto de serem obrigatórias para todos os países membros. Qualquer país do mundo é livre de as aplicar ou não. A decisão sobre a aplicação de uma norma internacional ISO está principalmente relacionada com o grau de participação de um país na divisão internacional do trabalho e com a situação do seu comércio externo. Cerca de metade das normas internacionais ISO foram aplicadas no sistema de normalização da República do Cazaquistão.

As normas ISO diferem no seu conteúdo, na medida em que apenas cerca de 20 por cento delas incluem requisitos específicos para produtos. A maior parte dos documentos normativos trata de requisitos   de segurança   ,

permutabilidade, compatibilidade técnica, métodos de ensaio de produtos e outras questões gerais e metodológicas. Assim, a utilização da maioria das normas internacionais ISO pressupõe que os requisitos técnicos específicos de um produto são estabelecidos na relação contratual.

A ISO e a IEC desenvolvem conjuntamente guias ISO/IEC que abordam vários aspectos das actividades de avaliação da conformidade. Os critérios voluntários contidos nestes guias são o resultado de um consenso internacional sobre as melhores práticas e abordagens. A sua aplicação promove a continuidade e a ordem na avaliação da conformidade a nível mundial, facilitando assim o comércio internacional.

Deste modo, é posto em prática o princípio: "Uma norma, um teste, reconhecido em todo o lado".

Embora as normas internacionais sejam desenvolvidas com base no consenso e no reconhecimento voluntário dos seus requisitos, na prática, o seu cumprimento é essencialmente obrigatório como critério de competitividade e de admissão no mercado internacional.

As normas internacionais tornaram-se um meio eficaz de eliminar os obstáculos técnicos ao comércio internacional, uma vez que adquiriram o estatuto de documentos que definem o nível científico e técnico e a qualidade dos produtos.

Nos últimos cinco anos, o nível de utilização das normas internacionais aumentou de 15% para 35% e, em sectores como a engenharia mecânica, a metalurgia, os transportes e as comunicações, ultrapassou os 40%.

1.5.1 Objectivos prospectivos da ISO

A ISO definiu os seus objectivos, destacando as áreas estratégicas de trabalho mais relevantes:

-    estabelecer ligações mais estreitas entre as actividades da organização e o mercado, o que, acima de tudo, se deve refletir na escolha dos desenvolvimentos prioritários;

-    redução dos custos totais e temporais em resultado de uma maior eficiência do pessoal administrativo, de uma melhor utilização dos recursos humanos, da otimização do fluxo de trabalho e do desenvolvimento das tecnologias da informação e das telecomunicações;

- Assistência efectiva à Organização Mundial do Comércio através da introdução de um programa centrado na conversão progressiva das especificações dos produtos em normas ISO;

- Incentivar os elementos "auto-sustentáveis" do programa acima referido: incentivar a criação de novas normas para a indústria, desenvolver uma relação com a OMC com base na assistência técnica necessária. Em especial, será incentivada a inclusão de requisitos nacionais para os produtos fornecidos nas normas internacionais ISO, o que deverá ter um impacto positivo no reconhecimento da avaliação da conformidade;

- Preocupação com a melhoria da qualidade das actividades nacionais de normalização nos países em desenvolvimento, onde a tónica é colocada no nivelamento dos níveis de normalização.

No futuro, a ISO planeia alargar o âmbito dos seus serviços técnicos. Identificou três oportunidades prioritárias: promover a adoção de normas industriais amplamente utilizadas, desenvolvidas fora da ISO, como instrumentos normativos internacionais; identificar as necessidades prioritárias de normalização em áreas especiais; e aumentar a flexibilidade no planeamento do trabalho de desenvolvimento de normas em resposta à evolução do mercado e das condições nacionais.

Além disso, os serviços continuam a ser um domínio de normalização internacional em rápido crescimento, onde a série de normas 9000 será cada vez mais aplicada.

Alguns dos principais governos estão a transferir para o sector privado a responsabilidade pelo desenvolvimento e aplicação das normas utilizadas nos contratos públicos. Neste contexto, a ISO está a explorar oportunidades para a normalização internacional no sector não governamental. No futuro, a cooperação entre a ISO e a CEI, que complementa as actividades destas organizações e contribui para programas de normalização eficazes no domínio das tecnologias da informação e das telecomunicações, tornar-se-á cada vez mais importante [5].

1.5.2 Normas internacionais para sistemas de gestão ambiental ISO 14000

O aparecimento da ISO 14000, uma série de normas internacionais para sistemas de gestão ambiental em empresas e companhias, tem sido considerado uma das iniciativas internacionais mais significativas no domínio do ambiente. O sistema de normas ISO 14000, ao contrário de muitas outras normas ambientais, não se centra em parâmetros quantitativos (emissões, concentrações de substâncias, etc.) nem em tecnologias (a exigência de utilizar ou não utilizar determinadas tecnologias, a exigência de utilizar a "melhor tecnologia disponível"). O principal objeto da ISO 14000 é o sistema de gestão ambiental. As disposições típicas destas normas são a introdução e o cumprimento de determinados procedimentos numa organização, a preparação de determinados documentos e a nomeação de uma pessoa responsável por um determinado domínio. O principal documento da série, a ISO 14001, não contém quaisquer requisitos "absolutos" para o impacto ambiental de uma organização, exceto que a organização deve declarar num documento especial o seu compromisso de cumprir as normas nacionais. Esta natureza das normas deve-se, por um lado, ao facto de as ISO 14000, enquanto normas internacionais, não deverem interferir no âmbito das regulamentações nacionais. Por outro lado, o antecessor da ISO é a abordagem "organizacional" da qualidade dos produtos, segundo a qual a chave para alcançar a qualidade é criar uma estrutura organizacional adequada e atribuir responsabilidades pela qualidade dos produtos. O sistema de normas ISO 14000 também utilizou o modelo comprovado das normas internacionais para os sistemas de controlo da qualidade dos produtos (ISO 9000), para o qual estão atualmente certificadas mais de 70.000 empresas e companhias em todo o mundo. As primeiras normas da série ISO 14000 foram oficialmente adotadas e publicadas no final de 1996. Espera-se que o sistema de normas reduza os impactos ambientais adversos a três níveis:

1. Organizacional - através da melhoria do "comportamento" ambiental das empresas.

2. Nacional - através da criação de um complemento essencial ao quadro

regulamentar nacional e de uma componente da política ambiental do Estado.

3.   Internacional - através da melhoria das condições do comércio internacional.

Os documentos incluídos no sistema podem ser divididos, grosso modo, em três grupos principais: princípios para a criação e utilização de sistemas de gestão ambiental (SGA); ferramentas de monitorização e avaliação ambiental; e normas orientadas para os produtos.

O conceito-chave da série ISO 14000 é o conceito de um sistema de gestão ambiental numa organização (empresa ou sociedade). Por conseguinte, a norma ISO 14001 - "Especificações e diretrizes para a utilização de sistemas de gestão ambiental" é considerada o documento central da norma. Ao contrário dos outros documentos, todos os seus requisitos são "auditáveis" - pressupõe-se que a conformidade ou não conformidade de uma determinada organização com os mesmos pode ser estabelecida com um elevado grau de certeza. É a conformidade com a ISO 14001 que é objeto de certificação formal.

Os principais requisitos que a ISO 14001 impõe a uma organização são os seguintes

1.   Uma organização deve desenvolver uma política ambiental, um documento específico das intenções e princípios da organização, que deve servir de base para as suas acções e para a definição de metas e objectivos ambientais. A política ambiental deve ser adequada à escala, natureza e impactos ambientais criados pelas actividades, produtos e serviços da empresa. A política ambiental deve, entre outras coisas, conter declarações de empenhamento no cumprimento da regulamentação, bem como na "melhoria contínua" do sistema de gestão ambiental e na "prevenção da poluição". O documento deve ser comunicado a todos os trabalhadores da organização e disponibilizado ao público.

2.   A organização deve estabelecer e seguir procedimentos para determinar os impactes ambientais significativos. A organização deve também abordar sistematicamente todos os requisitos legais relacionados com os aspectos ambientais das suas operações, produtos e serviços, bem como requisitos de outra natureza (por

exemplo, códigos industriais).

3. Tendo em conta os impactos ambientais significativos e os requisitos legais e outros, a organização deve desenvolver metas e objectivos ambientais. As metas e os objectivos devem ser quantitativos sempre que possível. Devem basear-se na política ambiental e ser definidos para cada função (domínio de atividade) e nível da organização. o. Os pontos de vista das "partes interessadas" também devem ser tidos em conta na sua formulaça

4. Para atingir os seus objectivos, a organização deve estabelecer um programa de gestão ambiental. O programa deve definir as partes responsáveis, os meios e os prazos para atingir as metas e os objectivos.

5. Deve ser definida uma estrutura de responsabilidade adequada na organização. Devem ser afectados recursos humanos, tecnológicos e financeiros suficientes para assegurar o funcionamento do sistema. Deve existir uma pessoa responsável pelo funcionamento do sistema de gestão ambiental a nível da organização, cuja responsabilidade deve ser a de informar periodicamente a direção sobre o funcionamento do SGA.

6. É necessário cumprir uma série de requisitos de formação do pessoal, bem como de formação para situações de emergência.

7. A organização deve monitorizar ou medir os principais parâmetros das actividades que possam ter um impacto significativo no ambiente. Devem ser estabelecidos procedimentos para verificar periodicamente o cumprimento dos requisitos legais e outros requisitos aplicáveis.

8. Deve ser efectuada uma auditoria periódica do sistema de gestão ambiental para determinar se este satisfaz os critérios estabelecidos pela organização e os requisitos da norma ISO 14001, e se está implementado e a funcionar corretamente. A auditoria pode ser efectuada pela própria empresa ou por uma entidade externa. Os resultados da auditoria são comunicados à direção da empresa.

9. A direção da organização deve rever periodicamente o funcionamento do sistema

de gestão ambiental em termos da sua adequação e eficácia. Devem ser consideradas as alterações necessárias à política ambiental, aos objectivos e a outros elementos do SGA. es necessárias à política ambiental, aos objectivos e a outros elementos do SGA, tendo em conta os resultados das auditorias, a alteração das circunstâncias e o desejo de "melhoria contínua". Em geral, os requisitos da norma baseiam-se num ciclo aberto de "planear - implementar - verificar - rever o plano".

A norma pressupõe que o sistema de gestão ambiental está integrado no sistema de gestão global da organização. A norma não exige que as pessoas responsáveis pelo trabalho do SGA não tenham outras responsabilidades, ou que os documentos relacionados com a gestão ambiental sejam afectados a um sistema especial de gestão de documentos [6].

As normas ISO 14000 são "voluntárias". Não substituem os requisitos legais, mas fornecem um sistema para determinar a forma como uma empresa afecta o ambiente e como os requisitos legais são cumpridos.

Uma organização pode utilizar as normas ISO 14000 para fins internos, por exemplo, como um modelo de SGA ou um formato de auditoria interna para um sistema de gestão ambiental. A intenção é que a criação de um sistema deste tipo proporcione à organização uma ferramenta eficaz para gerir a totalidade dos seus impactes ambientais e fazer com que as suas operações cumpram uma série de requisitos. As normas podem também ser utilizadas externamente para demonstrar aos clientes e ao público que o sistema de gestão ambiental está atualizado. Por último, uma organização pode obter uma certificação formal de uma terceira parte (independente).

Como se pode deduzir da experiência com as normas ISO 9000, é o desejo de obter um registo formal que provavelmente será a força motriz por detrás da introdução de sistemas de gestão ambiental conformes com a norma.

A normalização internacional é necessária para o êxito da cooperação comercial, económica, científica e técnica entre diferentes países. A falta de normas internacionais e as diferenças entre as normas nacionais para os mesmos produtos oferecidos no mercado mundial constituem um obstáculo ao desenvolvimento do comércio internacional.

A principal tarefa da cooperação científica e técnica internacional no domínio da normalização é a harmonização, ou seja, o alinhamento do sistema de normalização nacional com os sistemas de normalização internacionais, regionais e nacionais progressivos de países estrangeiros, a fim de melhorar o nível das normas RK, a qualidade dos produtos nacionais e a sua competitividade no mercado mundial.

Em 1987, a ISO adoptou um conjunto de normas internacionais ISO 9000 que visavam uma abordagem uniforme para tratar das questões de qualidade dos produtos nas empresas.

Os objectos de normalização desta série foram agora consideravelmente alargados para abranger não só os elementos dos sistemas de qualidade, mas também uma série de outros critérios.

As normas fundamentais deste sistema são:

1) ISO 9000-1. Normas para a garantia da qualidade. Orientações para a seleção e aplicação de normas específicas;

2) ISO 9000-2. Orientações gerais para a aplicação das normas ISO 9001, ISO 9002 e ISO 9003, etc.

Uma tarefa urgente para a ISO é melhorar a estrutura da coleção de normas. Enquanto anteriormente, no início dos anos 90, as normas de engenharia mecânica (30%), química (12,5%) e eletrónica e tecnologias da informação representavam apenas 10,5%, estas últimas estão agora a ganhar prioridade.

As ISO IS não são obrigatórias, ou seja, cada país tem o direito de as aplicar na íntegra, em secções separadas ou de não as aplicar de todo. No entanto, em condições de relações de mercado e de concorrência feroz, os fabricantes são obrigados a utilizar as IS. O nível de utilização das normas IS nos países industrializados atinge 80% de toda a coleção de normas ISO.

1.6 Sistemas de normas organizacionais, metodológicas e técnicas gerais na construção

Sistema de documentação de projeto para construção - um conjunto de documentos regulamentares, organizacionais e metodológicos que estabelecem os requisitos técnicos gerais necessários para o desenvolvimento, contabilização, armazenamento e aplicação da documentação de projeto para a construção de instalações para diversos fins.

O sistema de documentos normativos da República do Cazaquistão em matéria de construção é criado em conformidade com as novas condições económicas, a legislação e a estrutura de gestão com base nas normas de construção, regras e padrões estatais neste domínio em vigor no Cazaquistão.

O principal objetivo dos novos documentos normativos do Sistema é proteger os direitos e os interesses legalmente protegidos dos consumidores de produtos de construção, da sociedade e do Estado, desenvolvendo simultaneamente a independência e a iniciativa das empresas, organizações e especialistas. Um dos principais meios para resolver este problema é a transição para novos princípios metodológicos, que são cada vez mais comuns na prática da normalização internacional. Ao contrário da abordagem tradicionalmente estabelecida, dita "descritiva" ou "prescritiva", em que os documentos normativos fornecem uma descrição pormenorizada do projeto, dos métodos de cálculo, dos materiais utilizados, etc., as normas e padrões de construção recém-criados devem conter, em primeiro lugar, as caraterísticas operacionais dos produtos e estruturas de construção com base nos requisitos do consumidor.

Os documentos normativos desenvolvidos de acordo com os códigos e regulamentos de construção não devem prescrever como projetar e construir, mas devem estabelecer requisitos para os produtos de construção que devem ser cumpridos, ou objectivos a atingir no processo de conceção e construção. As formas de atingir os objectivos estabelecidos sob a forma de soluções de planeamento de volumes, estruturais ou tecnológicas devem ser de natureza recomendatória.

O sistema de documentos normativos na construção é um conjunto de documentos inter-relacionados adoptados pelas autoridades executivas competentes e pela gestão da construção, empresas e organizações para aplicação em todas as fases de criação e funcionamento dos produtos de construção, a fim de proteger os direitos e interesses legalmente protegidos dos seus consumidores, da sociedade e do Estado.

O sistema, baseado nos objectivos globais da normalização, deve contribuir para responder aos desafios da construção, a fim de garantir que

- a conformidade dos produtos de construção com o fim a que se destinam e a criação de condições de vida favoráveis para a população;

- segurança dos produtos de construção para a vida e a saúde das pessoas no processo da sua produção e funcionamento;

- proteção dos produtos de construção e das pessoas contra impactos desfavoráveis, tendo em conta o risco de emergências;

- fiabilidade e qualidade das estruturas e fundações de edifícios, sistemas de equipamentos de engenharia, edifícios e estruturas;

- o respeito das exigências ambientais, a utilização racional dos recursos naturais, materiais, combustíveis, energéticos e laborais;

- a compreensão mútua na execução de todas as actividades de construção e a eliminação de barreiras técnicas na cooperação internacional [7] .

Os objectos de normalização e de regulamentação do sistema são:

- regras e regulamentos organizacionais, metodológicos e técnicos gerais necessários para o desenvolvimento, produção e aplicação de produtos de construção;

- objectos de atividade de planeamento urbano e produtos de construção - edifícios e estruturas e seus complexos;

- produtos industriais utilizados na construção - produtos e materiais de construção, equipamento de engenharia, equipamento para organizações de construção e empresas do sector da construção;

- normas económicas necessárias para determinar a eficiência do investimento, os custos de construção, os custos dos materiais e da mão de obra.

A base jurídica para a normalização e as normas na construção é a legislação da República do Cazaquistão, que determina a relação entre os participantes nas actividades de investimento, os seus direitos, deveres e responsabilidade pela qualidade dos produtos e serviços. As normas, regras e padrões de construção são um dos meios de regulação e gestão intersectorial na conceção e construção, a fim de aplicar os requisitos da legislação.

Prevê-se que a elaboração de documentos normativos no domínio da construção seja efectuada com base nos princípios adoptados pelo sistema estatal de normalização da República do Cazaquistão e pelas organizações internacionais de normalização, assegurando simultaneamente a harmonização e a comparabilidade necessárias com as normas internacionais no domínio da construção, a legislação em matéria de construção e as normas de países estrangeiros tecnicamente desenvolvidos.

1.6.1 Objectivos da normalização na construção

A normalização na construção deve ser efectuada em conformidade com os requisitos do Sistema Estatal de Normalização.

Os objectos da normalização na construção são: produtos de construção, produtos industriais, bem como as regras que asseguram o desenvolvimento, a produção e a aplicação desses produtos.

Para vários objectos de normalização na construção, em função das suas especificidades, desenvolvem-se normas estatais RK, normas industriais - OST e especificações técnicas - TU.

1. As normas estatais na construção estabelecem: regras organizacionais, metodológicas e técnicas gerais que asseguram na construção a gestão dos processos de produção de desenvolvimento, produção e aplicação de produtos; requisitos para grupos de produtos homogéneos e para produtos específicos.

Os objectos da normalização estatal na construção são:

requisitos gerais de organização e metodologia na construção;

documentação de projeto para construção;

regras tecnológicas de conceção na construção (norma);

nomenclatura dos indicadores de qualidade por grupos de produtos homogéneos na construção;

requisitos de coordenação dimensional modular na construção;

requisitos para garantir a exatidão dos parâmetros geométricos na construção;

regras gerais de conceção regulamentadas nas normas;

requisitos para os inquéritos de engenharia na construção;

requisitos de segurança do trabalho comuns à construção;

parâmetros de edifícios e estruturas para fins civis, industriais e agrícolas, bem como as estruturas mais maciças de tipos de construção especializados, requisitos para os seus elementos e interfaces;

processos tecnológicos típicos dos principais tipos de obras de construção e instalação;

requisitos técnicos gerais e regras de aceitação de elementos de edifícios, estruturas e obras de construção e instalação;

requisitos básicos para edifícios e estruturas de inventário (móveis) para construção;

métodos gerais de controlo da qualidade na construção;

requisitos gerais para blocos de construção e engenharia e blocos de equipamento de engenharia;

estruturas e produtos para a construção civil, industrial, agrícola e as estruturas e produtos mais maciços para tipos de construção especializados;

principais tipos de materiais de construção;

principais tipos de equipamentos de engenharia de edifícios e estruturas;

ferramentas para trabalhos de construção e instalação em massa;

moldes e ferramentas para o fabrico de estruturas de betão armado e de produtos de aplicação maciça;

principais tipos de elementos de fixação para a construção.

2. *Estabelecer normas industriais no sector da construção:*

requisitos organizacionais e metodológicos da aplicação setorial;

exigências para grupos de produtos homogéneos e produtos específicos de aplicação setorial não sujeitos a normalização estatal.

Os objectivos da normalização setorial, em particular, podem ser

requisitos organizacionais e metodológicos necessários para as actividades de produção das empresas e organizações subordinadas ao Ministério, incluindo requisitos de segurança no trabalho;

parâmetros de edifícios e estruturas de tipos especializados de construção, requisitos para os seus elementos e unidades;

processos tecnológicos normalizados para certos tipos de obras de construção e instalação específicos das actividades de produção de cada ministério;

requisitos técnicos e regras de aceitação de elementos de edifícios, estruturas e obras de construção e instalação para tipos especializados de construção;

métodos de controlo da qualidade instrumental específicos a determinados tipos de construção;

estruturas de construção e produtos de aplicação setorial;

materiais de construção e equipamento de engenharia de edifícios e estruturas de aplicação setorial;

ferramentas para a produção de obras de tipos de construção especializados;

ferramentas para o fabrico de estruturas e produtos de construção.

3. *As especificações técnicas na construção estabelecem requisitos para o* fabrico, o controlo, a aceitação e a entrega de materiais, estruturas e produtos de construção, bem como de outros produtos de construção de tipos específicos (classes), na ausência de normas estatais ou industriais.

Em particular, são desenvolvidas especificações técnicas para estruturas e produtos de construção:

para estruturas e produtos normalizados para transportes, energia, água e outros tipos especiais de construção, cujos desenhos de trabalho são aprovados pelos ministérios competentes e para os quais não está prevista a elaboração de normas;

novos desenhos e produtos durante o período até que os desenhos normalizados sejam desenvolvidos com base neles;

estruturas concebidas por medida destinadas à produção em série.

As estruturas concebidas por medida, fabricadas por encomenda única para completar um objeto de construção específico, são produzidas diretamente a partir de desenhos de trabalho e fornecidas de acordo com as normas comuns ao grupo de estruturas homogéneas relevante.

Para os grupos de produtos em construção, elaborar normas que regulem os requisitos técnicos gerais, as regras de aceitação, os métodos de controlo e outros requisitos gerais ou normas como as "Condições Técnicas Gerais", que combinam estes requisitos.

Os requisitos para produtos específicos são estabelecidos por normas como "Condições Técnicas", "Desenho e Dimensões" e "Tipos, Desenho e Dimensões".

Para grupos de estruturas de edifícios, homogéneos pelo objetivo funcional e pela semelhança da solução estrutural, são desenvolvidas normas do tipo "Tipos e parâmetros básicos", que estabelecem tipos de estruturas, as suas dimensões coordenadas e se destinam a ser utilizadas na conceção e desenvolvimento de normas ou especificações técnicas para estruturas de tipos específicos.

Para as estruturas de edifícios, nas normas do tipo "Condições Técnicas", é estabelecida a nomenclatura dos graus de estruturas e os requisitos que garantem a sua qualidade, são fornecidos desenhos de vistas gerais com dimensões principais, referências a desenhos de trabalho de estruturas.

Os desenhos de trabalho de projectos típicos podem ser incluídos como parte da norma.

As normas para estruturas normalizadas recentemente desenvolvidas e revistas devem ser desenvolvidas simultaneamente com os desenhos de trabalho dessas estruturas. Ao desenvolver normas para projectos normalizados de séries existentes que não necessitem de revisão, os ajustes necessários aos desenhos de trabalho devem ser feitos ao mesmo tempo.

As especificações técnicas das estruturas dos edifícios são desenvolvidas juntamente com os desenhos de trabalho dessas estruturas.

As linhas de coordenação das dimensões modulares, bem como os parâmetros funcionais dos edifícios, das estruturas e dos seus elementos são estabelecidos nas normas do tipo "Parâmetros".

Os requisitos para a qualidade dos elementos de edifícios e estruturas, as regras da sua aceitação e os métodos de controlo são estabelecidos em normas do tipo "Requisitos técnicos, regras de aceitação, métodos de controlo".

1.7 Princípios básicos do complexo de normas de construção de edifícios

A elaboração de documentos normativos estatais e de normas territoriais de construção é efectuada, de acordo com as normas e regras, por organizações e associações de investigação, de design e outras, bem como por equipas criativas com potencial científico e a necessária experiência de trabalho prático na área relevante. Os comités técnicos de normalização e normas técnicas na construção (TCS) participam na elaboração dos documentos.

O cliente para a elaboração do documento pode ser a organização encarregada da sua adoção ou qualquer outra organização interessada (empresa)[8].

O desenvolvimento de documentos normativos é efectuado de acordo com as seguintes fases:

Fase 1 - organização da elaboração do documento;

Fase 2 - desenvolvimento do projeto de documento na primeira edição;

Fase 3 - preparação do projeto de documento na versão final do criador e sua apresentação ao cliente;

Fase 4 - apreciação, aceitação (aprovação) e registo do documento;

A fase 5 **é a** emissão do documento.

A organização do desenvolvimento do documento inclui a apresentação de um pedido razoável pelo potencial promotor, a coordenação do âmbito do trabalho e a celebração de contratos para a sua execução entre o cliente, o promotor principal e os co-executores.

Ao celebrar o contrato, o cliente aprova um breve caderno de encargos para o desenvolvimento de um documento normativo, que especifica as principais metas e objectivos do desenvolvimento, as fases de trabalho e os prazos para a sua implementação, as organizações coexecutoras, bem como as organizações às quais o documento é enviado para revisão e aprovação.

A aprovação do projeto de documento junto dos organismos de controlo do Estado e de outras organizações especificadas na missão técnica para a sua elaboração deve ser efectuada pelo dono da obra antes da apresentação do documento para aprovação.

O projeto de documento será enviado para aprovação na versão final do promotor. O exame do projeto deve ser efectuado no prazo de 30 dias a contar da data da sua receção. A aprovação é formalizada por carta. Não é permitido o registo "Aprovado com observações".

Os desacordos surgidos durante o acordo sobre o projeto de documento serão formalizados através de um protocolo comum.

O elaborador deve apresentar o projeto de documento normativo em três exemplares, um dos quais será o primeiro, acompanhado de uma carta de apresentação e da documentação seguinte num único exemplar:

-     nota explicativa do projeto de documento com justificações, dados sobre os resultados utilizados dos trabalhos de investigação e desenvolvimento e resultados da comparação do documento com normas internacionais e estrangeiras;

-	projeto de documento enviado para revisão (primeira edição) e a lista das organizações às quais o projeto de documento foi enviado;

-	pareceres originais das organizações às quais o documento foi enviado para análise e um resumo das reacções;

-	actas das reuniões do STS, da reunião de conciliação ou do OAT sobre a análise do projeto de documento normativo;

-	documentos originais que confirmem a aprovação do projeto pelas autoridades de supervisão estatais e outras organizações ou um protocolo de desacordo (se a aprovação for exigida pelos termos de referência);

-	propostas de anulação de documentos existentes ou projectos de alteração dos mesmos relacionados com a introdução de um novo documento normativo.

Ao analisar o projeto de documento normativo apresentado para decidir sobre a sua adoção, deve ser verificada a sua conformidade com os requisitos da legislação e dos regulamentos em vigor, com os princípios metodológicos gerais de normalização e padronização, com os requisitos destas normas e regras, com as normas do GSS e com as especificações técnicas. Com base nos resultados da análise do documento, o elaborador efectua os esclarecimentos necessários ao mesmo.

Quando um documento normativo é adotado, é fixada a data da sua entrada em vigor. Simultaneamente, os documentos que o substituem são anulados.

O cancelamento dos documentos normativos é efectuado pelos organismos que os aprovaram.

As especificações técnicas dos materiais de construção, dos produtos, das estruturas e de outros produtos das empresas industriais são elaboradas pelas `organizações – promotores` ou fabricantes destes produtos - como parte integrante do projeto, da conceção ou da documentação tecnológica para o seu fabrico.

1.8 Peculiaridades da normalização dos materiais e produtos de construção

A metodologia de normalização na ciência e tecnologia dos materiais de construção tem em conta as peculiaridades do desempenho dos materiais e inclui a normalização como elemento constituinte:

- cargas sobre o material e a estrutura;

- de influências ambientais;

- dimensões dos produtos de construção.

1.8.1 Normalização das cargas

As cargas e os impactos são classificados em permanentes e temporários.

As *cargas permanentes* e os impactos incluem: a massa das partes permanentes dos edifícios e estruturas; a massa e a pressão dos solos - aterros e reaterros, bem como a pressão das minas; o efeito da força das estruturas de pré-esforço.

As cargas temporárias dividem-se em *cargas* de longo prazo, de curto prazo e especiais. As cargas *temporárias de longo prazo* (tecnológicas) incluem: o peso do equipamento estacionário (betoneiras, trituradores, tremonhas de material); o peso de divisórias ou outras partes do edifício, cuja posição pode mudar durante o funcionamento; a pressão de gases, líquidos e sólidos a granel, em tanques e tubagens; efeitos de temperatura a longo prazo de equipamento térmico estacionário; cargas nos tectos das salas de armazenamento.

As cargas e os impactos seguintes são considerados de *curta duração*: cargas dinâmicas provenientes de equipamentos em movimento; cargas sobre as lajes provenientes do peso das pessoas e do mobiliário; cargas atmosféricas (vento, neve, gelo, ondas, gelo, etc.); impactos climáticos de temperatura e humidade que provocam a deformação dos materiais nas estruturas, etc.

As cargas especiais temporárias surgem sob a influência de efeitos sísmicos, interrupções abruptas no processo tecnológico associadas a falhas de equipamento. Incluem também as cargas resultantes do afundamento da base das estruturas.

As principais caraterísticas das cargas são os seus valores normativos, que para as cargas permanentes são retirados dos dados de projeto relativos aos parâmetros geométricos e estruturais das estruturas dos edifícios e dos valores médios da densidade dos materiais.

Os valores normativos de outros tipos de cargas também são regulados nos documentos normativos relevantes. Assim, o território do país está dividido em várias regiões climáticas, cada uma das quais tem os seus próprios valores de cargas de neve e pressão do vento, etc.

1.8.2 Normalização dos impactos ambientais

Na elaboração das normas, é necessário ter em conta os seguintes tipos de efeitos físicos e químicos sobre os materiais e as estruturas: climáticos, caracterizados por alterações da temperatura e da humidade relativa do ar exterior e outros factores; efeitos de meios agressivos, que provocam a corrosão dos materiais e reduzem a sua durabilidade; regime de humidade do local [9].

Os indicadores climáticos e geofísicos devem ser tidos em conta aquando da elaboração de documentos normativos para as envolventes dos edifícios, coberturas, paredes e materiais de revestimento. As normas para estes materiais devem conter requisitos de resistência ao gelo, absorção de água, etc. O aumento do regime de humidade das instalações limita a utilização de produtos de estrutura porosa para a construção de paredes exteriores sem barreira protetora de vapor na superfície interior da parede.

1.8.3 Normalização das dimensões dos produtos de construção

A base metodológica para a normalização das dimensões na conceção e fabrico de produtos de construção para a construção de estruturas é a coordenação modular das dimensões na construção. Esta permite efetuar a necessária unificação das dimensões e, assim, assegurar a permutabilidade de um número limitado de dimensões normalizadas de produtos de construção.

A ideia subjacente ao sistema modular é que uma estrutura é dissecada em comprimento, largura ou altura através de coordenadas imaginárias

planos, cuja distância entre eles é considerada igual a um módulo kM, em que M é a dimensão do módulo de base e k é o coeficiente de proporcionalidade. *Assume-se* que a dimensão de M *é* de 100 mm. A ICDS prevê a utilização preferencial   de planos espaciais rectangulares

sistema de coordenação. Para a atribuição de cotas de elementos estruturais e de planeamento de volumes, produtos de construção e equipamentos, além do módulo básico, são utilizados módulos derivados, que se obtêm multiplicando o módulo básico por coeficientes inteiros ou fraccionários. Quando se multiplica por coeficientes inteiros, obtêm-se módulos alargados, e quando se multiplica por coeficientes fraccionários inferiores a um, obtêm-se módulos fraccionários.

É igualmente feita uma distinção entre as dimensões estruturais (nominais), ou seja, a dimensão de projeto de um elemento, que difere da dimensão coordenada pelo montante da folga, junta ou sobreposição normalizada. As dimensões *de* projeto *l, b, h das* estruturas, produtos e elementos *de* construção podem ser consideradas maiores ou menores do que as dimensões coordenadas.

2 Fundamentos da metrologia

2.1 Finalidade e objectivos da metrologia. Conceitos básicos

Ao longo da história do mundo, o homem teve de medir várias coisas, pesar produtos, contar o tempo. Para o efeito, foi necessário criar todo um sistema de diferentes medidas necessárias para calcular o volume, o peso, o comprimento, o tempo, etc. Os dados provenientes dessas medições ajudam a dominar a caraterização quantitativa do mundo que nos rodeia. O papel destas medições no desenvolvimento da civilização é extremamente importante. Hoje em dia, nenhum ramo da economia nacional poderia funcionar correta e produtivamente sem a utilização do seu sistema de medição. Afinal de contas, é com a ajuda destas medições que se formam e controlam vários processos tecnológicos, bem como o controlo da qualidade dos produtos. Tais medições são necessárias para várias necessidades no processo de desenvolvimento do progresso científico e técnico: para a contabilidade dos recursos materiais e planeamento, para as necessidades do comércio interno e externo, para verificar a qualidade dos produtos e para aumentar o nível de proteção laboral de qualquer trabalhador. Apesar da diversidade dos fenómenos naturais e dos produtos do mundo material, para a sua medição existe o mesmo sistema diversificado de medidas, baseado num ponto muito essencial - a comparação do valor obtido com outro, semelhante a ele, que foi outrora tomado como unidade. Nesta abordagem, uma quantidade física é considerada como um certo número de unidades aceites para ela, ou, por outras palavras, é assim que se obtém o seu valor. Existe uma ciência que sistematiza e estuda essas unidades de medida - a metrologia. Por norma, entende-se por metrologia a ciência da medição, os meios e métodos existentes que ajudam a observar o princípio da sua unidade, bem como as formas de atingir a precisão necessária.

O rápido desenvolvimento da metrologia teve lugar no final do século XX e está indissociavelmente ligado ao desenvolvimento das novas tecnologias. Assim, podemos dizer que a metrologia estuda:

1) métodos e instrumentos de contabilização dos produtos em termos de: comprimento, massa, volume, caudal e potência;

2)	medições de grandezas físicas e parâmetros técnicos, bem como de propriedades e composição de substâncias;

3)	medições para o controlo e a regulação dos processos tecnológicos.

Existem várias direcções principais da metrologia:

1)	teoria geral da medição;

2)	sistema de unidades de grandezas físicas;

3)	métodos e meios de medição;

4)	métodos para determinar a exatidão das medições;

5)	os princípios básicos para garantir a uniformidade das medições, bem como os princípios básicos da uniformidade dos instrumentos de medição;

6)	normas de medição e instrumentos de medição exemplares;

7)	métodos de transferência de dimensões unitárias de instrumentos de medição de amostra e de padrões de medição para instrumentos de medição de trabalho. Um conceito importante na ciência da metrologia é a unidade de medida, que significa medições em que os dados finais são obtidos em unidades legalizadas, enquanto os erros dessas medições são obtidos com uma determinada probabilidade. A necessidade de unidade de medida é causada pela possibilidade de comparar os resultados de diferentes medições, que foram efectuadas em diferentes áreas, em diferentes intervalos de tempo, bem como com a utilização de diferentes métodos e instrumentos de medição.

Deve também ser feita uma distinção entre os objectos da metrologia:

1)	unidades de medida das quantidades;

2)	instrumentos de medição;

3)	metodologias utilizadas para efetuar medições, etc.

A metrologia inclui: em primeiro lugar, regras gerais, normas e requisitos e, em segundo lugar, questões que necessitam de regulamentação e controlo estatais. E aqui estamos a falar de:

1) sobre as grandezas físicas, as suas unidades e as suas medidas;

2) princípios e métodos de medição e instrumentos de medição;

3) erros dos instrumentos de medição, métodos e meios de tratamento dos resultados das medições, a fim de eliminar os erros;

4) assegurar a uniformidade das medições, das normas e das amostras;

5) para o serviço metrológico estatal;

6) a metodologia dos sistemas de verificação;

7) instrumentos de medição de trabalho.

Neste contexto, as tarefas da metrologia passam a ser: melhoria das normas de medição, desenvolvimento de novos métodos de medições precisas, garantia da unidade e da necessária exatidão das medições.

A palavra *metrologia* é formada por duas palavras gregas *metron* (medida) e *logos* (habilidade) e significa - a doutrina das medidas.

A metrologia, na aceção moderna, é a ciência das medições, os métodos e os meios para garantir a sua uniformidade e as formas de alcançar a precisão necessária.

A unidade de medida é o estado das medições em que os seus resultados são expressos em unidades legalizadas e os erros são conhecidos com uma determinada probabilidade.

A economia nacional de qualquer país necessita de várias informações sobre parâmetros e caraterísticas de objectos de investigação e medição na ciência, produção, cuidados de saúde, agricultura, transportes, proteção ambiental e outras esferas da atividade humana. Na indústria moderna, a parte dos custos de mão de obra para medições representa, em média, 10 % dos custos totais de mão de obra em todas as fases de criação e funcionamento dos produtos e, em alguns ramos, em particular, na engenharia eletrónica, de rádio e química, atinge 50-60 %.

Para este efeito, é necessário apoio metrológico, ou seja, o estabelecimento e a aplicação de bases científicas e organizacionais, meios técnicos, regras e normas necessárias para alcançar a unidade e a precisão exigida das medições [10].

Os principais objectivos do apoio metrológico são:

- melhorar a qualidade dos produtos, a eficácia da gestão da produção e o nível de automatização dos processos de produção;

- assegurar uma contabilidade fiável e melhorar a eficiência da utilização dos recursos materiais e energéticos;

- Melhorar a eficácia das medidas de prevenção, diagnóstico e tratamento das doenças, normalização e controlo das condições de trabalho e de vida, proteção do ambiente, avaliação e contabilização racional da utilização dos recursos naturais; melhorar a eficácia da cooperação internacional científica, técnica, económica e cultural.

As bases técnicas do apoio metrológico são;

- sistema de normas estatais de unidades de grandezas físicas;

- um sistema de transferência de dimensões de unidades de grandezas físicas de um padrão para todos os instrumentos de medição por meio de instrumentos de medição de referência e outros meios de verificação;

- o sistema de desenvolvimento, produção e colocação em circulação de instrumentos de medição funcionais que asseguram a determinação das caraterísticas dos produtos, processos tecnológicos e outros objectos com a precisão necessária;

- sistema de ensaios estatais obrigatórios dos instrumentos de medição;

- sistema de amostras-padrão de composição e propriedades de substâncias e materiais.

A metrologia, enquanto ciência e domínio de prática, surgiu na Idade Média. No entanto, as suas origens remontam à Antiguidade, quando o homem começou a sentir a necessidade de efetuar medições. Inicialmente, estas reduziam-se a uma simples contagem. A distância era medida em passos, tiros de arco, dias de viagem.

O tempo era calculado em dias, fases da lua e estações do ano. O número de objectos

- peças, dúzias, pacotes, fardos.

Para manter um determinado regime de processo tecnológico, para avaliar a qualidade dos produtos, é necessário dispor de informações quantitativas exactas. Esta informação só pode ser obtida através de medições.

Na construção, é necessário medir uma grande variedade de grandezas: lineares-angulares, mecânicas, físico-químicas, térmicas, acústicas, ópticas, etc. Para medir estas grandezas, o sector da construção deve estar equipado com métodos e instrumentos de medição normalizados.

A metrologia trata da teoria e da prática da medição.

A uniformidade das medições implica a apresentação dos resultados das medições em unidades legalizadas, com erros de medição conhecidos com uma determinada exatidão. A garantia da uniformidade das medições no país, a criação de normas de medição e de novos métodos de medição é confiada ao Serviço Estatal de Metrologia, que está sob a autoridade do Gosstandart. A metrologia é de grande importância para a normalização e unificação de processos e produtos tecnológicos.

2.1.1 Termos básicos de metrologia

Um fator muito importante para a compreensão correta da disciplina e ciência da metrologia são os termos e conceitos nela utilizados. É necessário dizer que a sua formulação e interpretação corretas são de extrema importância, porque a perceção de cada pessoa é individual e muitos, mesmo os termos, conceitos e definições geralmente aceites, são interpretados à sua maneira, utilizando a sua experiência de vida e seguindo os seus instintos, o seu credo de vida. E para a metrologia é muito importante interpretar os termos sem ambiguidade para todos, porque esta abordagem dá a oportunidade de compreender qualquer fenómeno da vida de forma óptima e completa. Na metrologia são utilizados vários termos especiais.

Uma quantidade *física* que representa uma propriedade comum no que diz respeito à qualidade de um grande número de objectos físicos, mas individual para cada um no sentido de expressão quantitativa.

Uma *unidade de quantidade física*, que implica uma quantidade física à qual é atribuído por convenção um valor numérico igual a um.

Medição - determinação dos valores de uma quantidade física por experiência, com a ajuda de meios técnicos especiais. A equação básica da medição é a seguinte:

$Q = qU$,

em que Q é o valor da grandeza física;

q - valor numérico da quantidade nas unidades aceites;

U é uma unidade de quantidade física.

A experiência produz o valor medido de uma quantidade, ou seja, o valor da quantidade que se aproxima do seu tamanho real (ou seja, o valor real da quantidade).

Medição de grandezas *físicas*, que se refere à avaliação quantitativa e qualitativa de um objeto físico por meio de instrumentos de medição.

Instrumento de medição que é um *meio* técnico com caraterísticas metrológicas normalizadas. Inclui um instrumento de medição, uma medida, um sistema de medição, um transdutor de medição, um conjunto de sistemas de medição.

Um instrumento de medição é um instrumento de medição que produz um sinal de informação numa forma inteligível para perceção direta por um observador.

Uma *medida* é também um meio de medição que reproduz uma quantidade física de um determinado tamanho.

Um *sistema de medição*, entendido como um conjunto de instrumentos de medição interligados por meio de canais de transmissão de informação para executar uma ou mais funções.

Um transdutor de medição *é* também um instrumento de medição que produz um sinal de medição de informação numa forma conveniente para armazenamento, visualização e transmissão através de canais de comunicação, mas não disponível para perceção direta.

Um *princípio de medição* é um fenómeno físico ou um conjunto de fenómenos físicos em que se baseia uma medição. Por exemplo, a medição da temperatura baseia-se no fenómeno de expansão do líquido quando aquecido (mercúrio num termómetro). Princípio de medição como conjunto de fenómenos físicos em que se baseia a medição.

Método de medição como um conjunto de técnicas e princípios de utilização de instrumentos técnicos de medição.

Um padrão de unidade é uma medida ou instrumento de medição concebido para reproduzir uma grandeza física à escala nacional ou internacional. Existem padrões de quilograma, ampere, segundo, etc. (mais de uma centena de padrões de medida primários e especiais).

Instrumento *de medição de trabalho* - uma medida ou instrumento de medição concebido para efetuar medições técnicas.

Uma amostra-padrão é uma medida para reproduzir unidades de quantidades que caracterizam as propriedades ou a composição de substâncias e materiais.

Um material de referência é um instrumento de medição sob a forma de uma substância (material), cuja composição ou propriedade é estabelecida de forma fiável por atestação. São utilizados para calibração, atestação e verificação de instrumentos de medição, controlo da correção dos resultados das medições.

É feita uma distinção entre padrões de composição e padrões de propriedades, sendo que estes últimos desempenham o papel de medidas. ^{0}Assim, para a verificação dos dilatómetros (aparelhos que medem as deformações térmicas dos materiais), utilizam-se amostras-padrão de propriedades sob a forma de medidas de referência feitas de cobre ultrapuro (para temperaturas de -100 a +100), quartzo cristalino (t=20-5000C), corindo (temperaturas inferiores a 900 C).

A precisão da medição é uma caraterística que exprime o grau de conformidade dos resultados da medição com o valor atual da quantidade medida. Quantitativamente, a exatidão da medição é igual ao valor do erro relativo menos o primeiro grau tomado módulo do primeiro grau.

A exatidão da medição é uma caraterística qualitativa da medição, que é determinada pelo grau de aproximação a zero do valor do erro constante ou de variação fixa (erro sistemático). Esta caraterística depende, em regra, da exatidão dos instrumentos de medição.

A fiabilidade das medições é uma caraterística que determina o grau de confiança nos resultados de medição obtidos. De acordo com esta caraterística, as medições dividem-se em fiáveis e não fiáveis. A fiabilidade das medições depende do facto de se conhecer a probabilidade de desvio dos resultados das medições em relação ao valor atual da quantidade medida. Se a fiabilidade das medições não for determinada, então os resultados dessas medições, em regra, não são utilizados. A validade das medições é limitada a partir de cima pelo erro de medição.

O erro de medição é a diferença entre o resultado da medição de uma quantidade e o valor atual (real) dessa quantidade. O erro surge normalmente devido à insuficiente precisão dos instrumentos e métodos de medição ou à impossibilidade de garantir condições idênticas em observações repetidas.

Erro de medição:

$$\delta = x - X,$$

em que x é o valor medido da quantidade;

X é o valor real da quantidade.

O valor verdadeiro da quantidade medida permanece sempre desconhecido devido à falta de métodos e meios de medição ideais, pelo que, na prática, em vez do valor verdadeiro, aplica-se o resultado da medição obtido por métodos e meios mais precisos, que se designa por *valor real*. Assim, o valor de δ é determinado com alguma aproximação ao valor real.

O erro de medição pode ser expresso em unidades da quantidade medida (*erro absoluto*) ou em fracções, em percentagem do seu valor (*erro relativo*). O erro das medidas e dos instrumentos é determinado pela sua verificação.

A verificação é um conjunto de acções destinadas a avaliar os erros das medidas e dos instrumentos de medição.

2.2 Tipos e métodos de medição

A classificação dos instrumentos de medição pode ser efectuada de acordo com os seguintes critérios

1. De acordo com a caraterística da exatidão da medição, as medições dividem-se em igualmente exactas e desigualmente exactas.

Medições iguais de uma grandeza física são uma série de medições de uma determinada grandeza efectuadas com instrumentos de medição (IM) de igual precisão em condições iniciais idênticas.

As medições desiguais de uma grandeza física são uma série de medições de uma determinada grandeza efectuadas com instrumentos de medição de precisão diferente e (ou) em condições iniciais diferentes.

2. De acordo com o número de medições, as medições dividem-se em medições simples e múltiplas.

Uma medição *única* é uma medição de uma quantidade efectuada uma vez. Na prática, as medições simples têm um grande erro, pelo que se recomenda efetuar pelo menos três medições deste tipo e tomar a média aritmética como resultado para reduzir o erro.

Uma medição *repetida* é uma medição de uma ou mais quantidades efectuada quatro ou mais vezes. Uma medição repetida é uma série de medições individuais. O número mínimo de medições para que uma medição seja considerada repetida é quatro. O resultado de uma medição repetida é a média aritmética dos resultados de todas as medições efectuadas. As medições repetidas reduzem o erro.

3. Os valores de medição dividem-se em estáticos e dinâmicos, consoante o tipo de alteração.

As medições estáticas são medições de uma grandeza física constante e imutável. Um exemplo de uma grandeza física que é constante no tempo é o comprimento de um terreno.

As medições dinâmicas são medições de uma grandeza física variável e não constante.

4.   Por objetivo, as medições dividem-se em técnicas e metrológicas.

As medições técnicas são medições efectuadas por instrumentos de medição técnicos.

As medições metrológicas são medições efectuadas com recurso a padrões.

5.   De acordo com a forma como o resultado da medição é apresentado, dividem-se em absolutos e relativos.

As medições absolutas são medições efectuadas através da medição direta e imediata de uma grandeza de base e/ou da aplicação de uma constante física.

As medições relativas são medições em que é calculada uma razão entre quantidades homogéneas, sendo o numerador a quantidade a comparar e o denominador a base de comparação (unidade). O resultado da medição dependerá da quantidade que é tomada como base de comparação.

6.   As medições dividem-se em diretas, indirectas, conjuntas e cumulativas, de acordo com o método de obtenção dos resultados.

As medições *diretas* são medições efectuadas com a ajuda de medidas, ou seja, a quantidade a medir é comparada diretamente com a sua medida. Um exemplo de uma medição direta é a medição de um ângulo (a medida é um transferidor).

As medições indirectas são medições em que o valor da grandeza medida é calculado utilizando os valores obtidos por medições diretas e alguma relação conhecida entre esses valores e a grandeza medida. Por exemplo, a determinação do volume de corpos de forma geométrica correta através de medições diretas das suas dimensões lineares e do cálculo matemático correspondente. O mesmo se aplica à determinação da densidade dos materiais, da resistência à compressão.

As medições conjuntas são medições durante as quais são medidas pelo menos duas grandezas físicas heterogéneas, a fim de estabelecer a dependência existente entre elas. Neste caso, os valores das grandezas medidas são determinados a partir dos dados de medições diretas ou indirectas repetidas das grandezas que não são idênticas.

São efectuadas medições repetidas com diferentes combinações de medidas ou em condições variáveis, o que permite criar um sistema de equações, cuja resolução permite encontrar o valor desejado do valor medido. Este método é utilizado, por exemplo, na determinação do módulo de elasticidade do betão.

Cumulativas são medições de várias grandezas com o mesmo nome efectuadas em simultâneo, em que os valores pretendidos são encontrados através da resolução de um sistema de equações obtido por medições diretas de várias combinações dessas grandezas.

Variedades de medições diretas:

- método de avaliação direta;

- método diferencial;

- método nulo;

- método de coincidência.

O *método de estimativa direta* permite obter o valor de uma quantidade diretamente, sem quaisquer acções adicionais e sem quaisquer cálculos (exceção - multiplicação da leitura pela constante do instrumento ou pelo preço de divisão). Estas medições são feitas em manómetros, dinamómetros, termómetros de líquidos, pesagem em balanças de mostrador, medição do comprimento com uma régua).

O *método diferencial (diferença)* consiste em medir a diferença entre a grandeza medida e uma grandeza cujo valor é conhecido.

O *método do zero* consiste em comparar a grandeza medida com uma grandeza cujo valor é previamente conhecido. As duas grandezas são escolhidas para serem iguais em tamanho, de modo a que a diferença entre elas seja zero. Este método é utilizado para determinar a massa numa balança de alavanca quando a massa dos pesos é selecionada igual à massa a medir. Este método é semelhante ao método diferencial, mas no método zero a diferença é levada a zero.

O *método de coincidência* consiste em efetuar medições a partir de marcas ou sinais coincidentes [11].

2.3 Erros de medição

Estes erros surgem inevitavelmente aquando da realização de medições. São constituídos por erros instrumentais e erros do método de medição, que podem ter componentes sistemáticos e aleatórios. Além disso, podem ocorrer erros ou erros grosseiros durante a medição.

Os erros *sistemáticos* são erros que permanecem constantes ou se alteram de acordo com uma lei bem definida durante medições sucessivas. Os erros sistemáticos podem ser estudados e o resultado da medição pode ser clarificado através da introdução de correcções nas leituras dos dispositivos de medição.

Os erros *aleatórios* são os erros que assumem valores diferentes quando se mede a mesma quantidade.

Os erros *teóricos* estão relacionados com o erro do próprio método de medição. Por exemplo, ao medir o volume de corpos, assume-se que a sua forma é geometricamente correta, pelo que as dimensões são medidas num número insuficiente de locais.

Os erros *subjectivos* são o resultado das qualidades individuais de uma pessoa, devido às peculiaridades dos seus sentidos ou às capacidades de medição incorrectas adquiridas (contar o volume numa bureta pelo menisco inferior).

Formas de excluir e ter em conta os erros sistemáticos:

1) eliminação das fontes de erros antes do início das medições (prevenção de erros);

2) eliminação de erros no processo de medição (eliminação experimental de erros);

3) efetuar correcções conhecidas ao resultado da medição (eliminação de erros por cálculo);

4) estimativa dos limites dos erros sistemáticos que não podem ser excluídos.

5) 4 O conceito de quantidade física. Unidades de medida

A grandeza física é um conceito de pelo menos duas ciências: a física e a metrologia. Por definição, *uma grandeza física* é uma determinada propriedade de um objeto, de um processo, comum a um certo número de objectos em termos de parâmetros qualitativos, mas que difere, no entanto, em termos quantitativos (individuais para cada objeto). Um exemplo clássico de ilustração desta definição é o facto de que, tendo a sua própria massa e temperatura, todos os corpos têm valores numéricos individuais destes parâmetros. Assim, considera-se que a dimensão de uma grandeza física é o seu preenchimento quantitativo, o seu conteúdo e, por sua vez, o valor de uma grandeza física é uma avaliação numérica das suas dimensões.

Todos os valores de quantidades físicas são tradicionalmente divididos em valores reais e verdadeiros. Os valores verdadeiros são valores que reflectem de forma ideal, qualitativa e quantitativamente, as propriedades correspondentes do objeto, e os valores reais são valores encontrados experimentalmente e que estão tão próximos da verdade que podem ser aceites em vez dela. No entanto, a classificação das grandezas físicas não se esgota aqui. Há uma série de classificações criadas por diversos motivos. As principais são as divisões:

1)   em grandezas físicas activas e passivas - por divisão em relação aos sinais de informação de medição. As grandezas físicas *activas* são grandezas que têm a probabilidade de serem transformadas num sinal de informação de medição sem a utilização de fontes de energia auxiliares. E as *passivas* representam tais quantidades, para cuja medição é necessário utilizar fontes de energia auxiliares, que criam um sinal de informação de medição;

2)   Quantidades físicas aditivas (ou extensivas) e não aditivas (ou intensivas) - quando divididas com base na aditividade. Considera-se que as quantidades *aditivas* são medidas em partes, além disso, podem ser reproduzidas com precisão com a ajuda de uma medida multivalorada baseada na soma das dimensões de medidas separadas. E as quantidades *não aditivas* não são diretamente mensuráveis, uma vez que são convertidas numa medida direta de uma quantidade ou numa medida por medição indireta.

Em 1791, a Assembleia Nacional Francesa adoptou o primeiro sistema de unidades de grandezas físicas de sempre. Tratava-se de um sistema métrico de medidas. Incluía: unidades de comprimento, áreas, volumes, capacidades e pesos. E baseavam-se em duas unidades atualmente conhecidas: o metro e o quilograma. Alguns investigadores consideram que, em rigor, este primeiro sistema não é um sistema de unidades no sentido moderno. Foi apenas em 1832 que o matemático alemão K. Gauss desenvolveu e publicou a mais recente metodologia de construção de um sistema de unidades, que neste contexto é um determinado conjunto de unidades básicas e derivadas.

O cientista baseou a sua metodologia em três grandezas básicas independentes umas das outras: massa, comprimento e tempo. E o matemático tomou o miligrama, o milímetro e o segundo como unidades básicas de medida destas grandezas, uma vez que todas as outras unidades de medida podem ser facilmente calculadas com a ajuda das unidades mínimas. K. Gauss considerava o seu sistema de unidades como um sistema absoluto. Com o desenvolvimento da civilização e o progresso científico e tecnológico, surgiram vários outros sistemas de unidades de grandezas físicas, cuja base é o princípio do sistema de Gauss. Todos estes sistemas são construídos como métricos, mas distinguem-se por unidades de base diferentes. Assim, no atual estádio de desenvolvimento, distinguem-se os seguintes sistemas básicos de unidades de grandezas físicas

1)   Sistema GHS (1881) ou sistema GHS de unidades de grandezas físicas, cujas unidades de base são as seguintes: o centímetro (cm) é representado como unidade de comprimento, o grama (g) como unidade de massa e o segundo (s) como unidade de tempo;

2)   O sistema ICGSS (finais do século XIX), que utiliza inicialmente o quilograma como unidade de peso e, mais tarde, como unidade de força, levou à criação de um sistema de unidades de grandezas físicas, cujas unidades de base passaram a ser três unidades físicas: o metro como unidade de comprimento, o quilograma-força como unidade de força e o segundo como unidade de tempo;

3)   o sistema ICCA (1901), cujas bases foram criadas pelo cientista italiano G. Giorgi, que propôs o metro, o quilograma, o segundo e o ampere como unidades do sistema ICCA.

Atualmente, na ciência mundial, existe um número incalculável de todos os tipos de sistemas de unidades de grandezas físicas, bem como muitas das chamadas unidades extra-sistema. Este facto conduz, naturalmente, a certos inconvenientes nos cálculos, obrigando a recorrer ao recálculo quando se traduzem quantidades físicas de um sistema de unidades para outro. Surgiu então uma situação em que era necessário unificar as unidades de medida. Esse projeto foi criado em 1954 pela Comissão para o Desenvolvimento de um Sistema Internacional Unificado de Unidades. O projeto foi denominado "Projeto de Sistema Internacional de Unidades" e acabou por ser aprovado pela Conferência Geral de Pesos e Medidas. Assim, um sistema baseado em sete unidades básicas ficou conhecido como o Sistema Internacional de Unidades, ou SI para abreviar.

As decisões da Conferência Geral de Pesos e Medidas adoptaram estas definições das unidades básicas de medida das grandezas físicas:

1)   O metro é considerado o comprimento do trajeto que a luz percorre no vácuo em 1/299,792,458 de segundo;

2)   considera-se que o quilograma é equiparado ao atual protótipo internacional do quilograma;

3)   segundo é igual a 919 2631 770 períodos de radiação correspondentes à transição que ocorre entre os dois níveis ditos superfinos do estado fundamental do átomo de Cs133;

4)   O ampere é considerado uma medida da força de corrente imutável que provoca uma força de interação em cada secção de um condutor de 1 metro de comprimento, desde que passe através de dois condutores rectos paralelos de área de secção transversal circular desprezável e comprimento infinito, e que estejam separados por 1 metro no vácuo;

5)   kelvin é igual a 1/273,16 da temperatura termodinâmica, o chamado ponto triplo da água;

6)   O mol é igual à quantidade de matéria de um sistema que contém o mesmo número de elementos estruturais que os átomos do C 12 de massa 0,012 kg.

Em 1960, a XI Conferência Geral de Pesos e Medidas aprovou o Sistema Internacional de Unidades (SI).

O Sistema Internacional de Unidades baseia-se em sete unidades que abrangem os seguintes domínios da ciência: mecânica, eletricidade, calor, ótica, física molecular, termodinâmica e química:

1)	A unidade de comprimento (mecânica) é o metro;

2)	A unidade de massa (mecânica) é o quilograma;

3)	a unidade de tempo (mecânica) é o segundo;

4)	A unidade de força da corrente eléctrica (eletricidade) é o ampere;

5)	A unidade de temperatura termodinâmica (calor) é o kelvin;

6)	A unidade de intensidade luminosa (ótica) é a candela;

7)	a unidade de quantidade de matéria (física molecular, termodinâmica e química) é a mole.

8)	O Sistema Internacional de Unidades tem unidades adicionais:

1	) A unidade de medida de um ângulo plano é o radiano;

2	) A unidade de medida do ângulo sólido é o esterradiano. Assim, com a adoção do Sistema Internacional de Unidades, as unidades de medida das grandezas físicas em todos os domínios da ciência e da tecnologia foram organizadas e reunidas numa única forma, uma vez que todas as outras unidades são expressas através das sete unidades de base e das duas unidades suplementares do SI. Por exemplo, a quantidade de eletricidade é expressa em segundos e amperes[12].

**3	.5 Grandezas físicas e medições**

O objeto de medição da metrologia é, em regra, as grandezas físicas. *As grandezas físicas são* utilizadas para caraterizar vários objectos, fenómenos e processos. Estão divididas em básicas e derivadas das básicas. No Sistema Internacional de Unidades estão estabelecidas sete grandezas físicas básicas e duas adicionais. São elas o comprimento, a massa, o tempo, a temperatura termodinâmica, a quantidade de matéria, a intensidade luminosa e a corrente eléctrica. As unidades adicionais são o radiano e o esterradiano.

As grandezas físicas têm caraterísticas qualitativas e quantitativas. A diferença *qualitativa* das grandezas físicas reflecte-se na sua dimensionalidade. A designação de dimensionalidade é estabelecida pela norma internacional ISO, sendo o símbolo dim*.

Um indicador do grau de dimensionalidade pode assumir diferentes valores e diferentes sinais, pode ser tanto inteiro como fracionário, pode assumir o valor zero. Se, ao determinar a dimensionalidade de uma quantidade derivada, todos os índices de grau são iguais a zero, então a base do grau, respetivamente, toma o valor de um, portanto, a quantidade é adimensional.

A caraterística *quantitativa* de um objeto de medição é a sua dimensão obtida como resultado da medição. A forma mais elementar de obter informação sobre a dimensão de um determinado valor de um objeto de medida é compará-lo com outro objeto. O resultado de tal comparação não será uma caraterística quantitativa exacta, apenas permitirá descobrir qual dos objectos é maior (menor) em tamanho. Podem ser comparados não apenas dois tamanhos, mas também um maior número de tamanhos. Se os tamanhos dos objectos de medição forem dispostos por ordem crescente ou decrescente, obtém-se a escala de ordem. O processo de ordenação e disposição dos tamanhos por ordem crescente ou decrescente na escala de ordem é designado por classificação. Para facilitar a medição, alguns pontos da escala de ordem são fixos e designados por pontos de referência. Aos pontos fixos da escala de ordem podem ser atribuídos números, frequentemente designados por pontuações.

4   .6 Normas e instrumentos de medição exemplares

Todas as questões relacionadas com o armazenamento, a aplicação e a criação de normas de medição, bem como o controlo do seu estado, são resolvidas de acordo com as regras unificadas estabelecidas pelo GOST. As normas são classificadas de acordo com o princípio da subordinação. De acordo com este parâmetro, as normas são primárias e secundárias.

As normas de medição primárias reproduzem e/ou armazenam unidades e transferem as suas dimensões com a maior precisão possível num determinado campo de medição. Uma norma primária deve servir o objetivo de assegurar a reprodução, o armazenamento de unidades e a transmissão de dimensões com a maior precisão que pode ser obtida num determinado campo de medição. Por sua vez, as normas primárias podem ser normas primárias especiais, que se destinam à reprodução de uma unidade em condições em que a transferência direta da dimensão da unidade com a precisão exigida é praticamente impossível. São aprovadas sob a forma de normas estatais. Como existe um significado especial dos padrões estaduais, qualquer padrão estadual é aprovado pelo GOST. Outra tarefa desta aprovação é dar a estes padrões a força da lei. O Comité Estatal de Normas tem a responsabilidade de criar, aprovar, armazenar e utilizar as normas estatais.

Os padrões de medição *secundários* são o elo de transmissão entre o padrão primário e os instrumentos de medição de trabalho. A sua precisão é inferior à do padrão primário. Um padrão secundário reproduz uma unidade em condições especiais, substituindo o padrão primário nessas condições. Deve ser criado e aprovado com o objetivo de assegurar uma deterioração mínima do padrão estatal. As normas de medição secundárias podem ser divididas com base na sua finalidade. Assim, existem:

1) copiar padrões concebidos para transferir dimensões unitárias para padrões de trabalho;

2) Normas de comparação destinadas a verificar a integridade da norma estatal, bem como para efeitos da sua substituição em caso de deterioração ou perda;

3) normas-testemunho destinadas à comparação de normas que, por diversas razões, não são diretamente comparáveis entre si;

4) normas de trabalho, que reproduzem uma unidade das normas secundárias e servem para transferir a dimensão para uma norma de um grau inferior. As normas secundárias são criadas, aprovadas, mantidas e utilizadas pelos ministérios e organismos.

Existe também a noção de "*unidade-padrão*", que se refere a um instrumento único ou a um conjunto de instrumentos concebidos para reproduzir e armazenar uma unidade para posterior transmissão da sua dimensão a instrumentos inferiores, fabricados segundo uma especificação específica e oficialmente aprovados da forma prescrita como padrão. Existem duas formas de reproduzir unidades com base em requisitos técnicos e económicos:

1)	método centralizado - através de uma norma estatal única para todo um país ou um grupo de países. Todas as unidades de base e a maioria dos derivados são reproduzidos a nível central;

2)	método descentralizado de reprodução - aplicável a unidades derivadas, cuja informação sobre o tamanho não é transferida por comparação direta com a norma [13].

A conversão de tamanhos pode ocorrer por diferentes métodos de verificação. Geralmente, a transmissão do tamanho é efectuada por métodos de medição conhecidos. Por um lado, existe uma certa desvantagem da transmissão do tamanho por etapas, o que implica que, por vezes, há uma perda de precisão. Por outro lado, existem aspectos positivos, que implicam que este método multietápico ajuda a proteger as normas e a transferir a dimensão da unidade para todos os instrumentos de medição em funcionamento. Existe também uma noção de "instrumentos de medição exemplares", que são utilizados para a tradução regular de tamanhos de unidades no processo de verificação de instrumentos de medição e que são utilizados apenas em unidades de serviço metrológico. A categoria de um instrumento de medição exemplar é determinada no decurso da certificação metrológica por um dos organismos do Comité Estatal de Normalização. Se necessário, são utilizados instrumentos de medição

Os instrumentos de medição de trabalho podem ser certificados por um período determinado como instrumentos de medição de referência no âmbito do procedimento acima referido. Em contrapartida, os instrumentos de medição exemplares que, por razões diversas, não tenham sido aprovados na certificação seguinte serão utilizados como instrumentos de medição operacionais.

2.7 Instrumentos de medição e suas caraterísticas

Na literatura científica, os instrumentos de medição técnica dividem-se em três grandes grupos. São eles: medidas, calibres e instrumentos de medição universais, que incluem instrumentos de medição, instrumentos de controlo e medição (CMP) e sistemas.

1. Uma *medida* é um instrumento de medição que se destina a reproduzir uma quantidade física de tamanho adequado. As medidas incluem medidas de comprimento plano-paralelas (ladrilhos) e medidas de ângulos.

2. *Os calibres* são dispositivos que têm por objetivo controlar e localizar as dimensões, a interposição das superfícies e a forma das peças dentro dos limites requeridos. Subdividem-se geralmente em: calibradores lisos (agrafos e tampões) e calibradores roscados, que incluem anéis ou agrafos roscados, tampões roscados, etc.

3. Um *instrumento de medição* representado como um dispositivo que produz um sinal de informação de medição numa forma compreensível para os observadores.

4. Por *sistema de medição* entende-se um conjunto de instrumentos de medição e dispositivos auxiliares, ligados por canais de comunicação. Destina-se à produção de sinais de informação de medição sob uma forma adequada ao processamento automático, bem como à transmissão e aplicação em sistemas de controlo automático.

5. *Instrumentos de medição universais*, cujo objetivo é ser utilizados para determinar as dimensões reais. Qualquer instrumento de medição universal é caracterizado pelo seu objetivo, princípio de funcionamento, ou seja, o princípio físico subjacente à sua construção, caraterísticas de conceção e caraterísticas metrológicas [14].

2.8 Classificação dos instrumentos de medição

Um instrumento de medição (IM) é um meio técnico ou um conjunto de meios utilizados para efetuar medições e com caraterísticas metrológicas normalizadas. Com a ajuda de instrumentos de medição, uma quantidade física pode ser não só detectada como também medida.

Os instrumentos de medição são classificados de acordo com os seguintes critérios:

1) pela via da realização construtiva;

2) para fins metrológicos.

Os instrumentos de medição são divididos de acordo com a sua realização construtiva:

1) em medidas de magnitude;

2) transdutores de medição;

3) instrumentos de medição;

4) instalações de medição;

5) sistemas de medição.

As medidas de grandeza são meios de medida de um determinado tamanho fixo, repetidamente utilizados para medição. Distinguem-se por:

1) medidas inequívocas;

2) medidas multivaloradas;

3) conjuntos de medidas.

2.9 Caraterísticas metrológicas dos instrumentos de medição

As propriedades metrológicas dos instrumentos de medição são propriedades que têm uma influência direta nos resultados das medições efectuadas por esses instrumentos e na incerteza dessas medições.

As propriedades quantitativas e metrológicas são caracterizadas por indicadores de propriedades metrológicas, que são as suas caraterísticas metrológicas.

As caraterísticas metrológicas aprovadas pela ND são caraterísticas metrológicas normalizadas. As propriedades metrológicas dos instrumentos de medição são subdivididas:

1) sobre as propriedades que definem o âmbito de aplicação dos instrumentos de medição:

2) propriedades que determinam a precisão e a exatidão dos resultados de medição obtidos.

As propriedades que estabelecem o âmbito de aplicação dos instrumentos de medição são definidas pelas seguintes caraterísticas metrológicas:

1)   gama de medição;

2)   o limiar da sensibilidade.

A gama de *medição* é a gama de valores de uma quantidade em que os limites de erro são normalizados. O limite inferior e superior (direito e esquerdo) de medição é designado por limite inferior e superior de medição.

O *limiar de sensibilidade* é o valor mínimo da grandeza medida que pode causar uma distorção percetível do sinal recebido.

As propriedades que determinam a precisão e a correção dos resultados de medição obtidos são definidas pelas seguintes caraterísticas metrológicas:

1)   a correção dos resultados;

2)   precisão dos resultados.

3)   10 Caraterísticas básicas de medição

Distinguem-se as seguintes caraterísticas principais das medições:

1)   o método pelo qual as medições são efectuadas;

2)   princípio de medição;

3)   erro de medição;

4)   precisão da medição;

5)   a correção das medições;

6)   fiabilidade da medição.

Um *método de medição é* um modo ou um conjunto de modos pelos quais uma dada quantidade é medida, ou seja, a comparação da quantidade medida com a sua medida, de acordo com um princípio de medição aceite.

Existem vários critérios de classificação dos métodos de medição.

1.   De acordo com os métodos de obtenção do valor desejado da grandeza medida,

distinguem-se:

1) método direto (efectuado por medição direta, direta);

2) método indireto.

2. De acordo com as técnicas de medição, distinguem-se:

1) método de medição por contacto;

2) método de medição sem contacto. O método de medição por contacto baseia-se no contacto direto de qualquer parte do instrumento de medição com o objeto a medir.

No método de medição sem contacto, o instrumento de medição não entra em contacto direto com o objeto a medir.

3. De acordo com os métodos de comparação de um valor com a sua medida, distinguem-se:

1) método de avaliação direta;

2) um método de comparação com a sua unidade.

O método de estimativa direta baseia-se na utilização de um instrumento de medição que mostra o valor da quantidade medida.

O método medida a medida baseia-se na comparação do objeto de medição com a sua medida.

2.11 Apoio metrológico, os seus princípios básicos

Por *apoio metrológico* entende-se um conjunto de acções destinadas a alcançar a unidade e a precisão necessária das medições. O apoio metrológico assenta em três bases: científica, técnica e organizacional.

A *base científica do* apoio metrológico é a metrologia. O sistema de normas estatais e de trabalho de unidades de grandezas físicas, instrumentos de medição de trabalho, amostras normalizadas de composição e propriedades de substâncias e materiais, dados de referência normalizados sobre constantes físicas e propriedades de substâncias e materiais, bem como o sistema de verificação e certificação estatal e departamental obrigatórias de instrumentos de medição constituem a *base técnica do* apoio metrológico.

A *base organizacional* é o serviço metrológico do país, constituído por serviços metrológicos estatais e departamentais.

A unidade das medições no país é controlada pelo Gosstandart através das instituições metrológicas e dos organismos Gosnadzor. O seu sistema inclui laboratórios de verificação ao serviço do Gosnadzor, verificações e testes estatais. Asseguram a fiabilidade e a unidade das medições através da verificação estatal dos instrumentos de medição e de teste mais precisos e responsáveis, realizam testes estatais de medidas e instrumentos de medição. A unidade das medições nos ramos da economia nacional é controlada por subdivisões especiais do serviço metrológico dos ramos, que utilizam as cartas dos organismos do Gosnadzor do Gosstandart.

A garantia metrológica, ou de forma abreviada, é o estabelecimento e a utilização de bases científicas e organizacionais, bem como de uma série de meios técnicos, normas e regras necessárias para a observância do princípio da unidade e da exatidão necessária das medições. Hoje em dia, o desenvolvimento da M&E caminha no sentido da transição da atual tarefa restrita de garantir a unidade e a precisão necessária das medições para a nova tarefa de garantir a qualidade das medições. O significado do termo "garantia metrológica" é decifrado em relação às medições (ensaios, controlo) como um todo. No entanto, este termo é também aplicável sob a forma do conceito "garantia metrológica do processo tecnológico (produção, organização)", o que implica a MO das medições (ensaio ou controlo) neste processo, produção, organização. Todas as fases do ciclo de vida (CV) de um produto (produto) ou serviço podem ser consideradas como objeto da medição do desempenho, sendo o ciclo de vida entendido como um conjunto de processos sucessivos e inter-relacionados de criação e alteração do estado do produto, desde a formulação dos requisitos iniciais até ao fim do funcionamento ou do consumo. Muitas vezes, na fase de desenvolvimento do produto, para obter uma elevada qualidade do produto, é feita a seleção de parâmetros controlados, normas de precisão, tolerâncias, meios de medição, controlo e ensaio. E no processo de desenvolvimento do MoD é desejável utilizar uma abordagem sistemática, na qual a disposição especificada é considerada como um determinado conjunto de processos inter-relacionados, unidos por um objetivo. Este objetivo é a obtenção da qualidade exigida das medições. Em regra, a literatura científica distingue uma série de processos deste tipo:

3) Estabelecer a nomenclatura dos parâmetros a medir e as normas de precisão mais adequadas para o controlo da qualidade dos produtos e o controlo dos processos;

4) Estudo de viabilidade e seleção dos equipamentos de medição, de ensaio e de controlo e estabelecimento da respectiva nomenclatura racional;

5) normalização, unificação e agregação dos equipamentos de controlo e medição utilizados;

6) desenvolvimento, aplicação e certificação de métodos modernos de medição, ensaio e controlo (MTTC);

7) verificação, certificação metrológica e calibrações de instrumentos ou equipamentos de controlo e de medição e ensaio utilizados na empresa;

8) controlo da produção, do estado, da aplicação e da reparação dos KIO, bem como do cumprimento exato das regras e normas metrológicas na empresa;

9) Participação no processo de criação e aplicação de normas empresariais;

10) aplicação de normas internacionais, estatais e industriais, bem como de outros documentos regulamentares da Gosstandart;

11) realização de peritagem metrológica de projectos de documentação de conceção, tecnológica e regulamentar;

12) analisar o estado da medição, desenvolver com base nele e realizar várias actividades para melhorar a IO;

13) formação do pessoal dos serviços e departamentos relevantes da empresa para a realização de operações de controlo e medição.

1.12 Controlo metrológico do Estado. Serviço metrológico

O serviço metrológico da República do Cazaquistão é composto por:

- do serviço metrológico estatal;

- serviços estatais de tempo e frequência; amostras-padrão de composição e propriedades de substâncias e materiais; dados-padrão de referência sobre constantes físicas e propriedades de substâncias e materiais;

- serviços metrológicos de organismos de gestão, pessoas singulares e colectivas.

O serviço de metrologia é um elo importante da administração pública e desempenha as seguintes funções

- implementação de um conjunto de medidas de apoio metrológico às actividades das entidades empresariais;

- garantir a unidade e a exatidão das medições;

- garantir a segurança e a qualidade e aumentar a competitividade dos produtos nacionais no mercado mundial;

- assegurar uma contabilidade fiável de todos os tipos de recursos materiais e energéticos;

- proteção dos interesses dos cidadãos e da economia da República do Cazaquistão contra as consequências de resultados de medição não fiáveis.

O Serviço Estatal de Metrologia é dirigido pelo Gosstandart RK. É composto por:

- centro científico e metrológico estatal, que assegura a criação, o aperfeiçoamento, o armazenamento e a aplicação das normas de medição estatais das unidades de grandeza, a criação de sistemas de transferência das dimensões das unidades de grandeza, a elaboração de documentos normativos para assegurar a uniformidade das medições;

- órgãos territoriais do Gosstandart, que desempenham tarefas e funções destinadas a assegurar a uniformidade das medições no respetivo território, dentro dos limites definidos pelos regulamentos relativos a estas subdivisões.

A Gosstandart RK desempenha as seguintes funções no domínio da metrologia:

- define e implementa a política estatal para garantir a uniformidade das medições;

- coordena as actividades do serviço de metrologia do RK;

- estabelece as unidades das quantidades a utilizar;

- organiza a investigação fundamental no domínio da metrologia;

- estabelece regras para a criação, aprovação, armazenamento e utilização de normas de medição estatais de unidades de grandeza, melhora a base normalizada de unidades de grandeza da República do Cazaquistão;

- define requisitos metrológicos gerais para instrumentos de medição, métodos e resultados;

- representa a República do Cazaquistão nas organizações internacionais e regionais de metrologia;

- organiza a formação profissional e a reciclagem do pessoal no domínio da garantia da uniformidade das medições.

De acordo com as tarefas, a principal gama de responsabilidades dos serviços metrológicos das entidades jurídicas inclui

- análise sistemática do estado da medição, controlo e ensaio em todas as fases de desenvolvimento, produção e funcionamento de produtos individuais;

- participação no desenvolvimento de instrumentos e métodos de medição e na sua aplicação;

- participação na criação de normas de medição e de outros meios de verificação necessários à manutenção metrológica dos instrumentos de medição criados e fabricados;

- preparação de materiais e participação na coordenação dos pedidos de importação de instrumentos de medição;

- organizar e executar os trabalhos de verificação dos instrumentos de medição, assegurando a apresentação atempada dos instrumentos de medição para verificação;

- manutenção de registos dos instrumentos de medição, coordenação e cumprimento dos calendários de calibração dos instrumentos de medição, anulação atempada dos instrumentos de medição obsoletos;

- realização de aluguer de instrumentos de medição;

- efetuar medições particularmente precisas;

- desenvolvimento e aprovação de sistemas de verificação locais;

- supervisão metrológica do estado e da utilização dos instrumentos de medição, dos métodos de medição certificados e das normas de medição.

Os instrumentos de medição a fabricar ou a importar do estrangeiro devem ser submetidos a ensaios estatais, seguidos de homologação ou de certificação metrológica [15].

A Gosstandart RK efectua os ensaios estatais, a homologação e a inscrição no registo estatal de instrumentos de medição.

O fabricante é obrigado a apor a marca do registo estatal nos ASI homologados ou na sua documentação operacional.

Em conformidade com os acordos internacionais celebrados, são reconhecidos os resultados dos testes estatais, da verificação e da certificação metrológica dos instrumentos de medição efectuados em países estrangeiros.

Em caso de violação das regras e normas metrológicas, a Gosstandart tem o direito de proibir a utilização de instrumentos de medição que não tenham sido aprovados nos ensaios estatais e na homologação, verificação ou certificação metrológica, que não estejam em conformidade com o tipo homologado, de elaborar protocolos de responsabilidade administrativa.

O PR RK 50.2.21-95 "Procedimento para a realização de ensaios estatais e homologação de instrumentos de medição" estabelece os requisitos gerais para a organização e o procedimento de realização de ensaios estatais e homologação de instrumentos de medição. O procedimento aplica-se aos instrumentos de medição fabricados no território da República e importados do estrangeiro, e é desenvolvido no âmbito da lei da RK "Sobre a garantia da uniformidade das medições".

Os procedimentos de teste incluem:

- ensaio de instrumentos de medição para efeitos de homologação;

- tomar uma decisão sobre a homologação, o seu registo estatal e a emissão de um certificado de homologação;

- ensaio de conformidade dos componentes magnéticos com o tipo homologado ao controlar a conformidade dos componentes magnéticos com o tipo homologado;

- reconhecimento da homologação de tipo ou resultados de ensaios do tipo SI efectuados por organizações competentes de países estrangeiros;

- serviço de informação para consumidores de equipamentos de medição.

A homologação é um tipo de supervisão metrológica estatal e é efectuada para garantir a uniformidade das medições na República.

A decisão sobre a homologação de tipo é tomada pelo Gosstandart RK com base nos resultados dos ensaios dos instrumentos de medição para efeitos de homologação de tipo. Os pedidos de realização de ensaios de instrumentos de medição para efeitos de homologação devem ser enviados ao Gosstandart RK no formulário previsto.

Durante o ensaio do IA para efeitos de homologação, deve ser verificada a conformidade da documentação técnica e das caraterísticas técnicas do IA com os requisitos da especificação técnica, das condições técnicas e dos documentos normativos e operacionais que lhes são aplicáveis, incluindo os métodos de verificação do IA.

Em caso de resultados positivos nos ensaios, o Gosstandart RK toma uma decisão sobre a homologação do SI, que é certificada por um certificado de homologação.

Os instrumentos de medição para os quais tenham sido emitidos certificados de homologação estão sujeitos a inscrição no registo estatal de instrumentos de medição.

O requerente deve apor a marca de homologação de tipo nos instrumentos de medição cujo tipo foi homologado e na documentação operacional que acompanha cada instrumento. Se não for conveniente apor a marca no instrumento de medição, é permitido apô-la apenas nos documentos operacionais.

Em conformidade com os acordos internacionais celebrados pelo Governo, os resultados dos ensaios e da homologação de outros países podem ser reconhecidos na República, o que constitui a base para a inscrição do tipo de instrumentos de medição importados no registo estatal e para a sua aplicação na República.

1.13 Normalização dos métodos e instrumentos de medição no domínio dos materiais de construção

Os métodos normalizados e os instrumentos de medição são concebidos para determinar: a composição do material (química, mineralógica, fase); a estrutura do material (matéria sólida, espaço poroso); os indicadores de qualidade estabelecidos pela norma das especificações técnicas do material.

Os indicadores de qualidade podem ser: grandezas físicas com dimensões adequadas (densidade, condutividade térmica, etc.); caraterísticas técnicas medidas em unidades convencionais (resistência à água, resistência ao gelo, etc.). Para determinar os indicadores de qualidade, são utilizados métodos físicos baseados nas leis da física, bem como métodos comparativos de medição das caraterísticas técnicas em unidades convencionais (ciclos de congelação e descongelação, etc.).

A normalização dos instrumentos de medição só é possível após a realização dos respectivos ensaios de estado, que incluem o exame da documentação técnica dos instrumentos de medição recentemente desenvolvidos e o seu estudo experimental, efectuado pelos organismos do Serviço Metrológico do Estado ou por sua conta [16].

Normalizar os seguintes pontos principais da metodologia de medição das propriedades mecânicas dos materiais de construção:

- forma e dimensão do provete, desvios admissíveis da forma e das dimensões;

- número de amostras a ensaiar simultaneamente para determinar os valores de propriedade;

- um método de recolha de uma amostra média de material e de produção de amostras a partir dela;

- equipamento utilizado para testar e determinar propriedades;

- o padrão de carga dos espécimes;

- preparação do provete para o ensaio (planeza, presença de defeitos);

- condições de ensaio (temperatura e humidade do provete e do ambiente);

- tratamento dos resultados das medições e determinação das propriedades dos materiais (grau de resistência, etc.) tendo em conta o fator de escala.

3 Disposições de base relativas à qualidade dos produtos

3.1 O conceito de qualidade

De acordo com as normas internacionais, *a qualidade* é definida como o conjunto de propriedades e caraterísticas de um produto ou serviço que lhe conferem a capacidade de satisfazer uma necessidade especificada ou pretendida.

Os produtos são considerados como o resultado materializado da atividade laboral, possuindo propriedades úteis e destinados a satisfazer necessidades públicas e pessoais. Os produtos da construção são os edifícios e as estruturas, e os produtos da indústria da construção são os materiais e os produtos.

Os materiais são produtos não parcelares cujas quantidades são expressas através de quantidades contínuas. Por exemplo: massa de cimento produzida, área de vidro de janela, volume de mistura de betão. Os materiais também incluem produtos de pequenas peças produzidos em grandes quantidades: tijolos (milhares de peças), telhas cerâmicas (milhares de m2), etc.

Os produtos são produtos industriais, cuja quantidade é calculada por um determinado número de cópias (peças). Representam um elemento pré-fabricado ou parte de uma construção. Em alguns casos, os produtos de construção - betão armado, metal, madeira - são designados por *estruturas*.

Cada tipo de produto apresenta propriedades bastante específicas que são do interesse do consumidor. Para os produtos da indústria da construção, estas são a resistência e a densidade do material, o grau de precisão dimensional dos produtos, a condutividade térmica, a resistência ao gelo, a resistência à água, aos líquidos agressivos e aos gases.

O conceito técnico e económico de qualidade dos produtos não inclui todas as propriedades, mas apenas as que estão relacionadas com a satisfação de determinadas necessidades pessoais ou sociais. Para caraterizar as propriedades, são utilizados os seguintes conceitos: indicador de qualidade do produto, atributo e parâmetro do produto.

O indicador de qualidade do produto é uma caraterística quantitativa de uma ou mais propriedades que constituem a qualidade do produto, considerada em relação a determinadas condições de criação e de funcionamento (consumo). A nomenclatura dos indicadores de qualidade depende do objetivo do produto.

Uma caraterística de produto é uma caraterística qualitativa ou quantitativa de quaisquer propriedades ou estados de um produto, um *parâmetro* é uma caraterística quantitativa de propriedades.

Os atributos de qualidade são a cor e a forma do produto, a presença de um revestimento protetor e decorativo na sua superfície, etc. São utilizados no controlo alternativo e na gestão da qualidade do produto.

Um *parâmetro de* um *produto* caracteriza quantitativamente qualquer uma das suas propriedades, incluindo as que fazem parte da qualidade.

Na avaliação qualitativa, qualquer propriedade do produto é necessária e suficientemente definida por três parâmetros numéricos: dimensão (indicador absoluto), pontuação (indicador relativo) e ponderação.

A dimensão de uma propriedade é determinada pela medição das caraterísticas físicas, mecânicas e outras do material e é expressa em unidades apropriadas.

Por exemplo, a dimensão da resistência do betão é a sua resistência à tração em megapascal (MPa).

A avaliação caracteriza a medida em que a necessidade pública de um determinado bem é satisfeita. No processo de avaliação, o valor de qualquer indicador de produto é comparado com o indicador de base ou de referência.

A ponderação determina a importância de uma determinada propriedade entre as outras propriedades que compõem a qualidade. A soma dos pesos de todas as propriedades é um valor constante. O aumento do peso de uma das propriedades pode ocorrer à custa da diminuição do peso das outras.

A qualidade é uma categoria técnica e económica complexa, variável e instável, sujeita à influência de muitos factores técnicos, organizacionais e económicos. Assim, alguns indicadores de qualidade dos produtos de construção alteram-se sob a influência de factores climáticos. A humidificação dos elementos de parede exteriores leva a um aumento da sua condutividade térmica, reduzindo o conforto interior [17].

Os métodos de avaliação da qualidade devem ter em conta a alteração dos parâmetros do produto no processo da sua criação e funcionamento. Isto pode ser conseguido através da utilização de um conjunto de indicadores quantitativos: simples, complexos e integrais.

Um único indicador de qualidade caracteriza uma das propriedades de um produto, por exemplo, a mobilidade de uma mistura de betão. Um indicador único pode referir-se a um único produto ou a um grupo de produtos homogéneos, caracterizando uma única propriedade.

Um indicador de qualidade complexo caracteriza várias propriedades simples em conjunto ou uma propriedade complexa de um produto que consiste em várias propriedades simples.

A divisão dos indicadores de qualidade em unitários, complexos e integrais permite resolver muitos problemas práticos e, em particular, medir quantitativamente a qualidade dos produtos.

A Qualimetria é a medição da qualidade de um produto. É um ramo da metrologia que estuda a medição da qualidade.

3.1.1 Indicadores de atribuição

Os indicadores de finalidade caracterizam o efeito útil da utilização dos produtos para o fim a que se destinam e determinam o âmbito da sua aplicação. Estes indicadores incluem: resistência (resistência à compressão e à tração, rigidez, resistência à fissuração, resistência ao impacto, resistência sísmica), indicadores termofísicos e resistência a influências externas (resistência ao gelo, resistência à humidade, resistência à radiação solar, resistência ao calor, resistência ao fogo, condutividade térmica, resistência à água, isolamento acústico, transmissão de luz, etc.).

Na avaliação do nível de qualidade dos produtos, os indicadores de designação são frequentemente utilizados em conjunto com indicadores de outros tipos, como a fiabilidade e a durabilidade, e por vezes com indicadores ergométricos e estéticos.

Os indicadores de fiabilidade e durabilidade caracterizam as propriedades de fiabilidade e durabilidade dos materiais, produtos ou objectos de construção.

Os indicadores de fiabilidade caracterizam o grau em que o produto desempenha as suas funções, desde que as regras de funcionamento sejam respeitadas.

A propriedade de fiabilidade é estabelecida na fase de desenvolvimento do produto, assegurada na fase da sua produção e mantida na fase de funcionamento.

A fiabilidade é uma propriedade complexa de um produto, que consiste em propriedades particulares: *durabilidade, funcionamento sem falhas, capacidade de manutenção e capacidade de serviço.*

Os produtos de construção são classificados como reparáveis e não reparáveis. Os produtos *reparáveis* podem ser reparados ou substituídos em caso de avaria. *Os produtos não reparáveis* (ligações de painéis de parede, peças embutidas, cablagem oculta) não podem ser reparados ou substituídos.

Os estados técnicos mais importantes dos produtos de construção são: operacionalidade, mau funcionamento e operacionalidade. O estado operacional é o estado do objeto em que este cumpre integralmente todos os requisitos da documentação normativa e técnica NTD, tanto no que diz respeito aos parâmetros principais como aos secundários. No estado *defeituoso*, o objeto não cumpre pelo menos um dos requisitos da NTD no que diz respeito aos parâmetros principais ou secundários. *Operável* é o estado do objeto em que os valores de todos os parâmetros principais que caracterizam a capacidade de desempenhar uma determinada função cumprem os requisitos da NTD. Assim, a capacidade de manutenção inclui necessariamente a operacionalidade, sendo a posição inversa opcional, ou seja, um objeto defeituoso pode ser operacional. Por exemplo, um objeto operacional pode não satisfazer os indicadores estéticos.

É necessário distinguir o *estado limite do objeto*, quando a sua utilização posterior para o fim a que se destina é inadmissível devido a deterioração física ou inoportuna devido a deterioração moral. Os critérios do estado limite são estabelecidos na NTD. Assim, o critério de resistência do betão ao gelo é a perda final de resistência (10-15%) ou de peso (5%) em caso de congelamento e descongelamento cíclicos. Nos materiais de revestimento de pavimentos, o critério do estado limite é a perda relativa de massa durante a abrasão.

A transição de produtos (objectos) de um estado útil para um estado defeituoso ocorre em resultado de defeitos.

Um defeito é cada não conformidade individual de um produto com os requisitos estabelecidos. Assim, se uma unidade de produto tiver um defeito, um ou mais parâmetros ou indicadores da sua qualidade não satisfazem os requisitos da NTD. Os defeitos podem ser a saída da dimensão do produto fora dos limites de tolerância, um teor inaceitavelmente elevado de impurezas (nocivas) no produto, etc. Os defeitos dividem-se em explícitos e ocultos. Um defeito explícito é um defeito para cuja deteção as regras, métodos e meios de deteção e controlo relevantes estão previstos na NTD. Muitos defeitos são detectados visualmente (fissuras, fendas, etc.); alguns defeitos são detectados com o envolvimento de meios de controlo apropriados - ferramentas, instrumentos, dispositivos. Por exemplo, o desvio das dimensões reais do tijolo em relação às dimensões especificadas é detectado com uma régua; a curvatura da superfície - com a ajuda de um ângulo, régua [18].

Um defeito oculto não pode ser detectado pelos métodos, ferramentas, etc., estipulados nas especificações técnicas. Por exemplo, os defeitos ocultos nos tijolos cerâmicos são as inclusões estranhas (pedras, objectos metálicos).

De acordo com o grau de influência na eficiência e segurança da utilização do produto, distinguem-se os defeitos críticos, significativos e insignificantes. *Crítico* - um defeito em que é inaceitável utilizar o produto para o fim a que se destina. *Significativo* - um defeito que afecta significativamente o desempenho dos produtos e a sua durabilidade, mas não é crítico. *Menor* - um defeito que caracteriza um desvio de uma caraterística ou parâmetro do produto, que não afecta significativamente a utilização do produto para o fim a que se destina e a sua durabilidade. A divisão dos defeitos em críticos, significativos e insignificantes é feita com o objetivo de selecionar o tipo de controlo do produto - contínuo ou seletivo.

O mesmo defeito pode ser classificado como evitável ou não recuperável, consoante a fase do processo em que é detectado (inicial ou final).

Um defeito irrecuperável é um defeito cuja eliminação é tecnicamente impossível ou economicamente irrazoável.

Na presença de defeitos, o objeto pode estar num estado de dano ou de falha. *O dano* é um evento que consiste na perturbação do estado útil do objeto (a sua operacionalidade é preservada).

A falha caracteriza um evento que consiste na violação do estado operacional de um objeto (assume-se que o produto estava operacional antes da falha). A perda de operacionalidade é causada por uma falha em que pelo menos um dos parâmetros principais excede as tolerâncias estabelecidas.

As falhas podem ser súbitas e graduais. *Falha súbita* - alteração *súbita* dos parâmetros (destruição); *gradual* (desgaste) - alteração lenta dos parâmetros (desgaste, deformação do material sob a influência do ambiente).

A *fiabilidade dos* produtos, elementos ou sistemas consiste em propriedades essenciais como a ausência de falhas, a durabilidade, a capacidade de manutenção e a facilidade de utilização.

Funcionamento *sem falhas* é a propriedade de um objeto de manter continuamente o seu estado operacional durante algum tempo ou durante algum tempo de funcionamento (este último para equipamento tecnológico). O MTBF é a duração ou o volume de trabalho de um objeto desde o início do seu funcionamento até à ocorrência da primeira falha. É possível estimar o MTBF através do volume de trabalho efectuado.

Os principais indicadores da capacidade de fabrico dos produtos industriais incluem o coeficiente de montagem (blocagem) do produto e o coeficiente de utilização de materiais racionais, bem como indicadores específicos da intensidade da mão de obra na produção e da intensidade material e energética dos produtos.

O coeficiente de montabilidade (blocagem) do produto caracteriza a facilidade de montagem do produto e representa a percentagem de elementos estruturais incluídos nos blocos especificados no número total de elementos de todo o produto.

O *coeficiente de utilização de materiais racionais* é determinado quando é conveniente utilizar certos materiais eficientes (poliméricos, isolantes térmicos, compósitos) na construção, de acordo com indicadores técnicos e económicos.

A capacidade de fabrico dos produtos é também caracterizada por indicadores de intensidade de mão de obra e de materiais. *A intensidade da mão de obra na* produção é determinada pela quantidade de tempo gasto no fabrico de uma unidade de produto e é expressa, para os produtos industriais, em *horas-padrão*.

A intensidade específica de mão de obra é o rácio entre a intensidade total de mão de obra da produção T e o parâmetro principal do produto B. *A intensidade específica do material* é o rácio entre a massa   ou o produto acabado M e o seu parâmetro principal B. Os indicadores de qualidade ergonómica são utilizados para determinar a conformidade do produto com os requisitos da ergonomia (estuda a interação no sistema homem - ambiente - produto).

Os indicadores ergonómicos dividem-se em higiénicos, antropométricos, fisiológicos e psicológicos. A nomenclatura dos indicadores ergonómicos de qualidade aplica-se aos produtos industriais, que incluem: equipamentos de trabalho e de interior, painéis de monitorização e de controlo, instrumentos e dispositivos de sinalização, controlos de equipamentos de processo, mobiliário industrial. O nível dos indicadores ergonómicos é determinado por especialistas em ergonomia de acordo com uma escala especial de classificação em pontos.

Os indicadores higiénicos caracterizam a conformidade do produto com as normas e recomendações sanitárias e nacionais. Estes indicadores incluem a iluminação, a temperatura, a humidade, a pressão, os campos eléctricos e magnéticos, o pó, a radiação, a toxicidade, o ruído, a vibração, a sobrecarga (aceleração).

Os índices antropométricos caracterizam os produtos que estão em contacto direto com uma pessoa: elementos dos órgãos de controlo, vestuário, calçado. Tendo em conta estes indicadores, são concebidos, por exemplo, painéis de controlo em estações automatizadas para o controlo da aceitação de produtos de betão armado.

3.2 Indicadores de normalização e unificação

Incluem indicadores que caracterizam o grau de saturação dos produtos com produtos normalizados e unificados.

Quanto maior for a qualidade de um produto, menor será a quantidade de peças originais, normalizadas e unitizadas.

Normalizadas são as partes do produto fabricadas de acordo com as normas estatais, nacionais e industriais; *unificadas* são as partes fabricadas de acordo com as normas da empresa, bem como as partes recebidas pela empresa na forma acabada como componentes (das que se encontram em produção em massa). *Originais* são os componentes concebidos especificamente para este produto.

Os indicadores mais importantes de normalização e unificação são o coeficiente de aplicabilidade e o coeficiente de repetibilidade.

O *coeficiente de aplicabilidade* caracteriza o grau de saturação do produto com componentes normalizados e unificados.

É feita uma distinção entre o fator de aplicabilidade por dimensão e o fator de aplicabilidade por componente.

O grau de aplicabilidade dos componentes normalizados pode igualmente ser expresso através de um coeficiente de custo igual ao rácio entre o custo dos componentes normalizados e o custo do produto no seu conjunto. Este coeficiente pode também ser referido ao grupo dos indicadores económicos.

3.3 Métodos de avaliação dos indicadores de qualidade dos produtos

A avaliação da qualidade pode ser efectuada através de métodos de medição, registo, cálculo, organolépticos, periciais e sociológicos. *Medição* - determinação dos valores do indicador de qualidade do produto com a ajuda de meios técnicos de medição. Este método é utilizado para medir e controlar a maioria dos indicadores de qualidade dos materiais, produtos e estruturas: dimensões geométricas, peso dos produtos, resistência, absorção de água, etc. A base do método de medição é a metrologia.

O registo baseia-se na observação e contagem do número de determinados eventos, itens ou custos. É utilizado para registar falhas de produtos durante os testes, contando o número de produtos defeituosos num lote, etc.

Ao utilizar o método *de conceção*, os cálculos são efectuados com base nas dependências teóricas ou empíricas estabelecidas dos indicadores de qualidade do produto em relação aos seus parâmetros. Este método é aplicado, em regra, na conceção de produtos, quando estes ainda não podem ser objeto de estudo experimental. Por exemplo, determinar a massa de um produto através dos valores da sua densidade e volume.

Organolético - determinação da qualidade do produto com base na análise da perceção dos sentidos humanos. Este método é utilizado para medir as propriedades do produto que ainda não podem ser medidas com instrumentos de medição (avaliação da uniformidade da cor dos produtos cerâmicos de fachada, a qualidade do interior das instalações). A avaliação é efectuada por peritos com base na sua experiência. A fiabilidade da avaliação depende, portanto, das qualificações do perito.

O método *pericial* de determinação da qualidade baseia-se numa decisão tomada por um perito. É frequentemente utilizado na previsão do nível de qualidade dos produtos. Os métodos periciais dividem-se em métodos individuais e colectivos. A avaliação individual é utilizada quando existe um perito muito competente num determinado domínio de atividade. Por conseguinte, o método de avaliação colectiva de peritos baseado na decisão de um grupo de peritos é mais frequentemente utilizado.

O método *sociológico* baseia-se na recolha e análise de opiniões de consumidores reais ou possíveis de produtos. As opiniões são recolhidas através de inquéritos orais ou da distribuição de questionários, de conferências, de exposições.

3.4 Controlo de qualidade dos materiais e produtos

A melhoria da qualidade dos produtos baseia-se numa abordagem sistemática que prevê um controlo sistemático da qualidade e um impacto orientado sobre os factores que podem afetar a qualidade dos produtos. Nesta perspetiva, o controlo é da maior importância e deve ser efectuado nas fases de desenvolvimento, fabrico e consumo do produto.

O desenvolvimento de normas, métodos e regras de controlo da qualidade dos produtos é uma das áreas importantes da normalização. Isto inclui: regras e normas de controlo de materiais, regras e métodos de controlo de processos operacionais, regras de aceitação de produtos acabados, métodos de medição de parâmetros de produtos, métodos de ensaio de produtos para resistência a influências externas e fiabilidade, requisitos para ensaios e equipamento de ensaio.

3.4.1 Tipos e métodos de controlo

Os sistemas de controlo são classificados segundo o nível de controlo, os objectos de controlo, as fases do processo de produção, a natureza do impacto na qualidade do produto e outras caraterísticas.

Em função do nível de controlo, distingue-se entre: controlo estatal, departamental e industrial.

O controlo estatal (supervisão) da qualidade dos produtos é um conjunto de medidas técnicas e organizacionais de controlo das actividades das empresas, levado a cabo por organismos estatais especiais: Gosstroy, Gosgrazhdanstroy, organismos de controlo da arquitetura e da construção. Os objectos de controlo não são apenas a qualidade dos produtos, mas também a organização do processo tecnológico, o estado do equipamento e o NTD. Como resultado deste controlo, é revelado o grau de conformidade dos produtos com o nível técnico especificado para a sua certificação.

O controlo departamental é efectuado pelos serviços de normalização dos ministérios, institutos e fundos fiduciários. Permite comparar as actividades das empresas deste departamento e delinear medidas para melhorar a qualidade dos produtos.

O controlo *(técnico)* *da produção* é efectuado por organismos de controlo (departamentos de controlo técnico) da empresa. Dependendo do objeto controlado, o controlo técnico é dos seguintes tipos: controlo da mão de obra, controlo da qualidade do produto e controlo do processo.

Controlo do trabalho - verificação da conformidade dos resultados do trabalho dos empregados envolvidos na produção com os requisitos estabelecidos.

Controlo da qualidade dos produtos - verificação da conformidade dos indicadores de qualidade dos produtos com os requisitos estabelecidos.

Controlo do processo tecnológico - conformidade dos modos tecnológicos e de outros indicadores do processo tecnológico com os requisitos da DST.

Em função da fase controlada do processo de produção, o controlo técnico divide-se em controlo de entrada, controlo operacional e controlo de aceitação.

Controlo das entradas - determinação da qualidade das matérias-primas, materiais e componentes provenientes de empresas fornecedoras.

O controlo *operacional* é efectuado após a conclusão de determinadas operações tecnológicas.

O controlo *de aceitação* é efectuado para determinar se a qualidade dos produtos acabados está em conformidade com os requisitos estabelecidos.

Em termos de cobertura completa, o controlo pode ser contínuo, seletivo, permanente, periódico e volátil. No caso do *controlo contínuo,* é determinada a qualidade de todos os produtos sem exceção. *O controlo por amostragem* consiste na avaliação da qualidade com base nos resultados da inspeção de uma ou mais amostras ou amostras de um lote de produtos. Um *lote* é uma quantidade de produtos homogéneos fabricados durante um certo período de tempo a partir de materiais e produtos semi-acabados do mesmo tipo e qualidade. O volume dos lotes é regulado por normas; o volume e o número de amostras são regulados por regras de controlo. No controlo por amostragem, são normalmente utilizados métodos estatísticos.

A inspeção por amostragem é adequada quando o controlo de qualidade está relacionado com o produto [19].

O controlo contínuo é efectuado para verificar a estabilidade do processo tecnológico. Para este efeito, são utilizados, em regra, meios automatizados.

As inspecções em voo são realizadas em casos especiais especificados nas normas; o seu calendário não está regulamentado.

O controlo ativo e o controlo passivo distinguem-se pela natureza do seu impacto no processo de produção. O controlo ativo é efectuado através de dispositivos de medição integrados no equipamento tecnológico e controla diretamente as alterações das propriedades do produto; os seus resultados são utilizados para controlar os processos de produção.

A maioria dos métodos de controlo existentes é realizada de forma *passiva*, ou seja, a não conformidade dos indicadores de qualidade do produto com os requisitos estabelecidos é detectada quando o defeito já não pode ser eliminado.

É feita uma distinção entre *métodos de ensaio tradicionais* e *não destrutivos*. Na inspeção tradicional, a informação sobre a qualidade é obtida por métodos laboratoriais, que incluem principalmente ensaios destrutivos.

O principal tipo de controlo é o controlo técnico. Os objectos do controlo técnico são: material, produto semi-acabado, lingote, peça, unidade de montagem, complexo, conjunto, processo tecnológico.

O consumidor realiza a inspeção de entrada para verificar a conformidade da qualidade dos produtos que chegam à empresa com os requisitos estabelecidos nas normas estatais, especificações técnicas, contratos. Na ausência de dados sobre o nível real de defeitos dos produtos, bem como com o aumento dos requisitos de qualidade, a inspeção de entrada deve ser contínua, noutros casos selectiva. Os resultados da inspeção de entrada são formalizados sob a forma de cartões.

No decurso do controlo operacional, verificar os modos de preparação, colocação e compactação da mistura de betão, a dimensão e a qualidade da montagem dos moldes, a localização das armaduras e das peças embutidas, os modos de tratamento térmico e húmido do betão, a qualidade dos produtos de acabamento.

O controlo de aceitação consiste em verificar a conformidade dos produtos acabados com os requisitos das normas ou especificações técnicas. O laboratório e o controlo de qualidade verificam as propriedades físicas e mecânicas dos materiais e dos produtos, avaliam o aspeto e os parâmetros geométricos dos produtos. A *resistência à tração do* betão nos produtos de betão armado é atribuída tendo em conta as condições de transporte, de instalação e de carga dos produtos, bem como a tecnologia do seu fabrico.

3.4.2 Controlo estatístico da qualidade dos produtos

O controlo estatístico de rotina consiste em ajustar os parâmetros do processo durante a produção, monitorizando aleatoriamente os produtos para garantir a qualidade exigida e evitar rejeições. Assim, este controlo é o mais próximo possível do processo de produção em termos de tempo. No decurso do controlo, não são controlados todos os produtos, mas uma parte, uma amostra, cujo volume deve ser suficientemente representativo (definido pela norma em função do volume de produção).

No processo de inspeção, verifica-se se os produtos estão dentro da tolerância normalizada para o parâmetro controlado e determina-se a dimensão do desvio real. Se o parâmetro controlado estiver dentro da tolerância, a operação tecnológica prossegue normalmente. Se o parâmetro começar a aproximar-se do limite superior ou inferior da tolerância, existe o risco de produtos defeituosos e mesmo de sucata. Neste caso, é necessário identificar atempadamente as causas da violação da tecnologia e prevenir o casamento. Assim, o controlo estatístico é uma espécie de meio profilático para evitar a deterioração da qualidade do produto.

4 Fundamentos da certificação

4.1 Definições básicas de certificação

O termo "certificação" em latim significa "feito corretamente", ou seja, conformidade confirmada. Na sua essência, qualquer avaliação da conformidade é uma certificação; todas as nossas actividades se reduzem aos seus três tipos inter-relacionados: ordenação e definição (normalização), controlo e medição (metrologia) e confirmação dos resultados (certificação).

A certificação é um procedimento através do qual uma terceira parte fornece uma garantia escrita de que um produto, processo ou serviço cumpre os requisitos especificados.

Conformidade - a *conformidade* de um produto, processo ou serviço com os requisitos especificados.

Terceiro - uma pessoa ou organismo reconhecido como independente das partes envolvidas no assunto em questão (primeira parte - fornecedores, segunda parte - compradores).

Um *sistema de certificação* é um sistema que tem as suas próprias regras de procedimento e governação para efetuar a certificação de conformidade.

Organismo de certificação - um organismo que efectua a certificação da conformidade.

Certificado de Conformidade - documento que indica que é dada a garantia necessária de que um processo ou serviço está em conformidade com uma norma específica ou outra (documento regulamentar) ND.

Marca de conformidade - uma marca devidamente protegida, aplicada ou emitida de acordo com as regras de um sistema de certificação, que indica que é dada a garantia necessária de que um determinado produto ou serviço está em conformidade com uma determinada norma.

Uma *licença* (certificado) *no domínio da certificação* é um documento através do qual um organismo de certificação concede a uma pessoa ou organismo o direito de utilizar certificados ou marcas de conformidade para os seus produtos, processos ou serviços, de acordo com as regras do sistema de certificação relevante.

A avaliação da conformidade é a verificação sistemática da medida em que um produto, processo ou serviço está em conformidade com os requisitos especificados.

Acreditação - um procedimento através do qual um organismo autorizado reconhece oficialmente a competência de uma pessoa ou organismo para efetuar um trabalho específico (produzir produtos, prestar serviços).

Certificação da produção - confirmação oficial, por parte do organismo de certificação ou de outro organismo especialmente autorizado, da existência das condições necessárias para a produção de produtos, assegurando a estabilidade dos requisitos para o efeito, especificados na ND.

Sistema de qualidade - um conjunto de estruturas organizacionais, responsabilidades, procedimentos, processos e recursos que proporcionam uma gestão global da qualidade.

Os procedimentos de avaliação e certificação da qualidade dos produtos são efectuados por uma organização independente e competente, como um laboratório de ensaios. Para confirmar a sua competência e objetividade, esta organização tem de se submeter a uma acreditação periódica, ou seja, ao reconhecimento oficial da sua capacidade para realizar o tipo de controlo ou ensaio em causa.

A certificação baseia-se em normas e em testes efectuados em conformidade com as normas de certificação.

4.2 Finalidades e objectivos da certificação

Os principais objectivos da certificação são:

- assistir os consumidores na escolha competente de produtos (serviços);

- proteção do consumidor contra as práticas desleais do fabricante (vendedor, executante);

- controlo da segurança dos produtos (serviços, trabalho) no que respeita ao ambiente, à vida, à saúde e à propriedade;

- confirmação dos indicadores de qualidade do produto (serviço, obra) declarados pelo fabricante (executante);

- criação de condições para a atividade das organizações e dos empresários no mercado único de produtos de base da RK, bem como para a participação na cooperação económica, científica e técnica internacional e no comércio internacional.

- confirmação da conformidade do produto.

A própria emergência do conceito de "confirmação da conformidade" e o seu significado moderno estão associados ao recente e acentuado agravamento do problema da qualidade dos bens e serviços; à globalização do comércio internacional; a uma grande variedade de produtos com o mesmo objetivo funcional, mas de qualidade diferente; à concorrência feroz dos produtores de mercadorias; à necessidade de garantir a segurança dos produtos para os consumidores.

Objectivos principais:

- garantir a qualidade dos trabalhos de certificação dos produtos e dos sistemas de gestão da qualidade dos requerentes, em conformidade com as regras e os procedimentos estabelecidos no sistema de certificação GOST;

- cumprimento dos requisitos estabelecidos para os organismos de certificação de produtos e de sistemas de qualidade;

- a observância da objetividade e da imparcialidade na tomada de decisões;

- garantir a acessibilidade dos candidatos;

- Ganhar a confiança dos candidatos;

- não discriminação dos candidatos;

- o respeito pela confidencialidade das informações obtidas durante as actividades de certificação;

- promover o alargamento do âmbito de reconhecimento dos certificados emitidos pelo organismo de certificação de produtos;

\- garantir a satisfação das necessidades dos consumidores.

4.3 Princípios básicos e regras gerais de certificação

A certificação na construção é realizada para proteger os interesses do consumidor em matéria de segurança dos produtos de construção para a vida, a saúde, a propriedade e o ambiente, para garantir a fiabilidade das estruturas de construção, para aumentar a competitividade dos produtos.

Os objectivos da certificação na construção são:

\- produtos do projeto;

\- objectos de construção - edifícios e estruturas (a seguir designados por produtos de construção);

\- produtos das empresas do sector da construção e dos materiais de construção (a seguir designados "produtos industriais");

\- produtos importados;

\- obras e serviços no sector da construção.

A certificação baseia-se nos seguintes princípios:

\- voluntariedade;

\- acesso não discriminatório à participação nos processos de certificação;

\- objetividade das avaliações;

\- a reprodutibilidade dos resultados das avaliações;

\- confidencialidade;

\- informatividade;

\- especialização dos organismos de certificação;

\- verificação obrigatória do cumprimento dos requisitos para produtos (serviços) na esfera legalmente regulamentada;

\- a fiabilidade das provas apresentadas pelo requerente quanto à conformidade do sistema de qualidade com os requisitos regulamentares.

O princípio da voluntariedade baseia-se na disposição segundo a qual a certificação só é efectuada por iniciativa do requerente e mediante pedido escrito, salvo disposição legislativa em contrário.

Todas as organizações que se candidataram à certificação e aceitam os princípios, requisitos e regras estabelecidos são elegíveis para a certificação. Além disso, está excluída qualquer discriminação contra o requerente e qualquer participante no processo de certificação, quer se trate de um preço excessivo em comparação com outros requerentes, de um atraso injustificado em termos de tempo, de uma recusa injustificada de aceitar o pedido, etc.

A objetividade das avaliações é garantida, em primeiro lugar, pela independência do organismo de certificação e dos peritos por ele contratados em relação aos requerentes ou a outras organizações interessadas nos resultados da avaliação e da certificação; em segundo lugar, pela composição completa da comissão de peritos; em terceiro lugar, pela competência dos peritos em certificação certificados da forma prescrita.

Para garantir a reprodutibilidade dos resultados da avaliação, são aplicadas regras e procedimentos de verificação baseados em requisitos uniformes, a avaliação baseia-se em provas e os resultados da avaliação são documentados e armazenados.

Os procedimentos, regras, ensaios e outras actividades que podem ser considerados como componentes do próprio processo de certificação podem ser diferentes em função das caraterísticas do objeto de certificação, o que, por sua vez, determina a escolha do método de ensaio, etc. Por outras palavras, a avaliação da conformidade é efectuada de acordo com um ou outro sistema de certificação. De acordo com as normas internacionais ISO/IEC, trata-se de um sistema que efectua a certificação de acordo com as suas próprias regras, tanto de procedimento como de gestão [20].

A certificação dos produtos industriais na construção é feita de forma voluntária, exceto nos casos em que a legislação em vigor estabelece a certificação obrigatória (janelas de vários materiais, janelas de vidro duplo e fechaduras).

A nomenclatura dos bens de construção sujeitos a certificação obrigatória é formada pela Gosstroy para inclusão na nomenclatura aprovada pela Gosstandart RK.

Ao procederem à certificação, os organismos habilitados para o efeito organizam os ensaios iniciais dos produtos em laboratórios (centros) de ensaio acreditados e a avaliação da sua conformidade com os requisitos estabelecidos e, por vezes, também a avaliação e o controlo do estado da produção através da sua certificação ou da certificação do sistema de qualidade.

Com base nos resultados dos testes e avaliação do estado da produção são emitidos certificados de conformidade e registo dos produtos certificados na apresentação da Gosstroy RK no Registo Estatal de certificação GOST RK.

Os produtos, a produção ou os sistemas de qualidade certificados são acompanhados de uma inspeção.

O controlo da inspeção é geralmente efectuado pelos organismos de certificação que realizaram os trabalhos ou pelas autoridades territoriais de controlo competentes, no âmbito de contratos celebrados com os referidos organismos de certificação de produtos.

O controlo de inspeção dos organismos de certificação e dos laboratórios de ensaio acreditados (centros) é efectuado pela Gosstroy e pela Gosstandart RK.

Ao efetuar a certificação, é avaliada a conformidade dos produtos com os requisitos estabelecidos nas normas estatais e nas especificações técnicas (ET) para os produtos, incluindo o âmbito da sua aplicação (conformidade com o objetivo), bem como com o cálculo e outras caraterísticas indicadas nas normas e regras de construção (SNiP).

Os participantes na certificação são responsáveis pelo cumprimento das suas obrigações:

-       fabricante - por assegurar que os produtos por si emitidos com um certificado de conformidade cumprem os requisitos das diretivas nacionais aplicáveis, pela utilização correta da marca de conformidade e pelo cumprimento de outras condições de certificação;

-       laboratório de ensaios - para a conformidade dos seus ensaios de certificação com os requisitos da DS, para a fiabilidade e objetividade dos resultados desses ensaios;

- Organismo de certificação - pela exaustividade e correção da avaliação da conformidade dos produtos com os requisitos estabelecidos na norma ND aquando da emissão de um certificado e subsequente confirmação da sua validade.

4.4 Organização do sistema de certificação estatal

A estrutura organizativa do sistema de certificação estatal é constituída por:

- organismo autorizado em matéria de normalização, metrologia e certificação;

- organismos acreditados para a certificação de produtos, processos, obras, serviços;

- laboratórios de ensaio acreditados (centros);

- organizações acreditadas que prestam serviços de consultoria no domínio da acreditação;

- peritos - auditores de certificação.

O sistema estatal de certificação prevê a execução de uma política uniforme no domínio da certificação e estabelece as regras e os procedimentos básicos da certificação, os requisitos para os organismos de certificação, os laboratórios de ensaio (centros) e os procedimentos para a sua acreditação, os procedimentos de preparação e atestação de peritos - auditores de certificação, as regras de manutenção do registo do sistema estatal de certificação, o controlo de auditoria e inspeção, outros requisitos necessários para a realização dos objectivos da certificação.

A gestão dos trabalhos de certificação é assegurada pelo organismo autorizado de normalização, metrologia e certificação determinado pelo Governo da República do Cazaquistão.

As pessoas singulares e colectivas organizam e realizam as suas actividades de certificação em conformidade com as disposições da presente lei e de outros actos jurídicos normativos da República do Cazaquistão, bem como com os requisitos dos documentos normativos que operam no sistema de certificação estatal.

Os organismos acreditados para a certificação de produtos, processos, obras, serviços e laboratórios de ensaio (centros) não têm o direito de prestar serviços de consultoria no domínio da acreditação.

4.4.1 Direitos e obrigações do organismo autorizado em matéria de normalização, metrologia e certificação

Responsabilidades do organismo autorizado em matéria de normalização, metrologia e certificação:

- Criação de um sistema de certificação estatal e organização do seu funcionamento;

- certificação de peritos auditores;

- manter um registo do sistema de certificação estatal;

- participação na formação e implementação de uma política estatal unificada no domínio da certificação, desenvolvimento de planos de perspetiva para o desenvolvimento da certificação;

- elaboração de listas de produtos (obras, bens e serviços) sujeitos a certificação obrigatória;

- acreditação no sistema de certificação estatal de organizações para o direito de efetuar trabalhos de certificação, testes de certificação, serviços de consultoria no domínio da acreditação;

- organização e aplicação do controlo estatal sobre as actividades dos laboratórios de ensaio (centros) e dos organismos de certificação de produtos, processos, obras e serviços;

- que estabelece regras para o reconhecimento de certificados de conformidade, marcas de conformidade e resultados de ensaios estrangeiros;

- organização de trabalhos sobre ensaios comparativos interlaboratoriais (comparações).

4.4.2 Tipos de certificação de produtos, processos, obras, serviços

A certificação pode ser obrigatória ou voluntária.

É estabelecida uma certificação obrigatória e voluntária.

Certificação obrigatória - certificação de produtos, obras, serviços incluídos na lista de produtos, obras, serviços sujeitos a certificação obrigatória para cumprimento dos requisitos obrigatórios de uma norma ou outro documento regulamentar que garanta a sua segurança para a vida, a saúde humana, os bens dos cidadãos e o ambiente.

A certificação voluntária é efectuada por iniciativa dos requerentes (fabricantes, vendedores, executantes), a fim de confirmar a conformidade de produtos, processos, obras, serviços com os requisitos dos documentos normativos determinados pelo requerente. A certificação voluntária não substitui a certificação obrigatória.

A confidencialidade de todas as informações sobre a organização em todas as fases da certificação e sobre os seus resultados, que caracterizam uma condição do sistema de qualidade (produção) e a conformidade do pessoal, é assegurada pela direção do organismo de certificação, tanto por parte do pessoal como do pessoal envolvido nos trabalhos de certificação.

A especialização dos organismos de certificação de sistemas de qualidade é conseguida tanto pelo âmbito da acreditação do organismo como pela presença, nos seus quadros ou entre o pessoal contratado, de peritos e consultores especializados no domínio de atividade em causa.

A participação em sistemas de certificação pode assumir três formas:

- admissão ao sistema de certificação;

- participação no sistema de certificação;

- adesão a um sistema de certificação.

A admissão a um sistema de certificação significa a capacidade de um candidato para certificar em conformidade com as regras desse sistema. A participação e a adesão a um sistema de certificação são estabelecidas a nível do organismo de certificação. Um participante num sistema de certificação é um organismo de certificação que aplica as regras do sistema nas suas actividades, mas não está autorizado a participar na gestão do sistema.

Os procedimentos, regras, testes e outras actividades que podem ser considerados como componentes do próprio processo de certificação podem variar em função das caraterísticas do objeto de certificação, o que, por sua vez, determina a escolha do método de teste, etc.

4.4.3 Requisitos para garantir a segurança dos produtos

1. É proibida a venda de produtos, obras e serviços sujeitos a certificação obrigatória sem certificação de conformidade (cópia do certificado de conformidade) e (ou) marca de conformidade ou declaração de conformidade (cópia da declaração de conformidade). É proibido fazer publicidade a produtos, obras e serviços sujeitos a certificação obrigatória que não tenham sido certificados na República do Cazaquistão.

2. Os contratos (acordos) celebrados para o fornecimento de produtos importados sujeitos a   certificação obrigatória   devem conter os seguintes elementos

prever a presença de um certificado (cópia de um certificado) e (ou) de uma marca de conformidade reconhecida no sistema de certificação estatal.

Os contratos (acordos) celebrados para o fornecimento de produtos importados sujeitos a certificação obrigatória e destinados ao comércio a retalho devem prever que os produtos sejam acompanhados de informações nas línguas estatal e russa. As informações devem incluir o nome do produto, o país e a empresa - fabricante, a data de fabrico, o prazo de validade, as condições de armazenamento e o modo de utilização.

4.5 Procedimento de certificação de produtos

A certificação de produtos na construção é efectuada para avaliar a sua conformidade com os requisitos da ND, bem como para a conformidade com os requisitos das normas internacionais e nacionais de países estrangeiros (estas últimas - se necessário).

A certificação de produtos é efectuada por organismos de certificação de produtos.

A certificação de produtos no sector da construção inclui:

- apresentação pelo requerente de uma declaração-pedido de certificação de produto;

- análise do pedido de declaração e tomada de decisão sobre a possibilidade de certificação, incluindo a escolha do sistema de certificação;

- definição de um laboratório de ensaios;

- elaboração de um programa e de uma metodologia para a certificação destes produtos;

- seleção, identificação de amostras (espécimes);

- realização de ensaios (peritagem) de produtos para efeitos de certificação;

- análise do estado (verificação) da produção dos produtos;

- análise dos resultados dos ensaios obtidos, verificação da produção e tomada de decisão sobre a possibilidade de emissão de um certificado de conformidade e de uma licença de utilização da marca de conformidade;

- certificação da produção dos produtos industriais certificados ou certificação do sistema de qualidade do requerente (se previsto pelo sistema de certificação);

- execução, registo do certificado de conformidade da produção ou do certificado de conformidade do sistema de qualidade e inscrição do certificado de produção ou do sistema de qualidade no registo estatal do sistema de certificação GOST RK;

- emitir ao requerente um certificado de conformidade para o fabrico de produtos certificados ou para o sistema de qualidade;

- execução, registo do certificado de conformidade dos produtos e inscrição dos produtos certificados no registo estatal do sistema de certificação GOST RK;

- Emitir ao requerente um certificado de conformidade e uma licença para o direito de aplicar a marca de conformidade (ou marcar os produtos com a marca de conformidade);

- controlo de inspeção da estabilidade das caraterísticas dos produtos certificados, da produção certificada e do sistema de qualidade;

- informações sobre produtos certificados, produção certificada e sistemas de qualidade.

- **.5.1 Regras para a certificação de produtos**

O processo de certificação de produtos inclui várias fases consecutivas.

Apresentação e revisão de uma declaração - pedido de certificação de construção.

O requerente deve enviar a declaração - pedido ao organismo de certificação competente ou ao Organismo Central de Certificação. A lista dos organismos de certificação acreditados é publicada no Boletim de Tecnologia da Construção (BST). Este organismo regista o pedido, analisa-o e, no prazo máximo de 15 dias após a sua receção, informa o requerente da decisão que contém as condições básicas da certificação, incluindo o laboratório de ensaios que realizará os ensaios do produto, o esquema de certificação, as condições de trabalho, e prepara um contrato para este trabalho.

O requerente assina o contrato depois de se familiarizar com os termos e condições da certificação e de concordar com os mesmos. Todos os custos da certificação do produto, independentemente dos seus resultados, são suportados pelo requerente.

Elaboração do programa e da metodologia de certificação. O programa e a metodologia de certificação devem ser elaborados e aprovados pelo organismo de certificação que efectua este trabalho e acordados com o requerente. O programa e a metodologia devem ter em conta a especificidade dos produtos e as particularidades da sua produção e incluir as fases do trabalho de certificação, o procedimento e as regras para a sua execução, incluindo as regras para a tomada de decisões sobre os resultados dos ensaios do produto e a análise do estado da produção, os termos de execução de cada fase, bem como os executantes deste trabalho.

Realização de testes (peritagem) de produtos.

Os ensaios dos produtos devem ser efectuados em laboratórios de ensaio acreditados em conformidade com os requisitos do GOST RK. Se o laboratório de ensaios estiver acreditado apenas para efeitos de competência técnica, os ensaios devem ser efectuados na presença de um representante do organismo de certificação ou de uma pessoa por ele autorizada.

Os ensaios de estruturas de edifícios, devido à complexidade da sua entrega a um laboratório de ensaios acreditado, podem ser efectuados na presença de um representante do laboratório em organizações não acreditadas, incluindo o fabricante, mas deve haver confiança na correção dos ensaios.

Os ensaios de produtos para efeitos de certificação devem ser efectuados em amostras normalizadas, cuja composição, conceção e tecnologia de fabrico devem ser idênticas às dos produtos fornecidos ao cliente.

De acordo com os resultados dos ensaios do produto, o laboratório de ensaios elabora um relatório de ensaio (ato de exame), que é enviado ao organismo de certificação do produto, com cópia para o requerente.

Análise do estado da produção

É efectuado para determinar se existem as condições necessárias e suficientes para garantir a estabilidade do produto em termos de qualidade. Este trabalho é efectuado por organismos de certificação de produtos acreditados. Estes organismos estabelecem igualmente o procedimento e a metodologia de análise do estado da produção. A análise do estado da produção deve incluir a identificação dos factores que afectam as caraterísticas certificadas e a sua estabilidade, incluindo a determinação:

- conformidade da documentação técnica e tecnológica dos produtos e dos métodos dos seus ensaios com os requisitos da ND;

- qualidade e suficiência do controlo durante a produção, incluindo o apoio metrológico;

- o estado das operações tecnológicas e de produção que determinam o nível das caraterísticas certificadas;

- estabilidade da conformidade dos produtos fabricados com os requisitos da ND;

- distribuição do pessoal responsável pela garantia de qualidade dos produtos;

- o estado de manutenção e reparação do equipamento tecnológico.

Com base nos resultados da análise do estado da produção, é elaborado um relatório sobre a estabilidade da produção e a qualidade dos produtos na empresa.

Emissão de um certificado de conformidade e de uma licença para o direito de aplicar a marca de conformidade do sistema de certificação

O certificado de conformidade dos produtos é emitido pelo organismo de certificação para uma amostra normalizada de produtos produzidos em série, para um lote de produtos ou para cada produto específico, com base na análise do relatório de ensaio do produto.

O prazo de validade do certificado de conformidade e da licença para aplicar a marca de conformidade é estabelecido pelo organismo de certificação, tendo em conta os resultados dos ensaios, a análise do estado da produção e o prazo de validade do DT do produto. Em caso de alterações no projeto, na formulação do produto ou na tecnologia, o requerente deve notificar o organismo de certificação, que tomará uma decisão sobre a necessidade de novos ensaios ou de uma avaliação do estado da produção.

Quando forem introduzidas na DS novas normas para um parâmetro de um produto certificado, o organismo de certificação decide se é necessário efetuar novos ensaios ou avaliar o estado de produção desse produto. Se o fabricante não tiver adotado medidas adequadas para confirmar a conformidade dos produtos com os novos requisitos, o organismo de certificação anulará o certificado e a licença. Os documentos e materiais que confirmam a certificação dos produtos devem ser conservados no organismo de certificação.

Controlo de inspeção

O controlo da estabilidade dos parâmetros certificados dos produtos no processo da sua produção é efectuado pelo organismo de certificação, que realizou previamente estes trabalhos. O âmbito, o conteúdo e o procedimento do controlo são estabelecidos na ordem de certificação de produtos específicos. Assim, a periodicidade e o volume dos testes de produção devem ser estabelecidos tendo em conta os resultados do controlo estatístico da qualidade dos produtos produzidos.

Com base nos resultados do controlo de inspeção, o organismo de certificação pode suspender ou cancelar o certificado de conformidade nos casos seguintes:

- violações dos requisitos dos documentos regulamentares para os quais os produtos são certificados;

- alterações aos DN do produto ou aos métodos de ensaio;

- alterações na conceção do produto, composição, matérias-primas e componentes utilizados;

- alterações na organização e na tecnologia da produção de produtos;

- não cumprimento dos requisitos da tecnologia de produção, dos métodos de controlo e de ensaio, do sistema de garantia de qualidade.

A decisão de suspender um certificado de conformidade será tomada se, através de medidas corretivas acordadas com o organismo de certificação, o requerente se comprometer a eliminar as deficiências identificadas e a confirmar a sua eliminação através de ensaios repetidos. Caso contrário, o certificado de conformidade será cancelado. A informação sobre a suspensão (restabelecimento) da validade do certificado de conformidade será comunicada pelo organismo de certificação ao organismo central, ao requerente, aos consumidores dos produtos e a todos os participantes no sistema de certificação do produto em causa.

4.6 Requisitos para os organismos de certificação no sector da construção e o procedimento para a sua acreditação

4.6.1 Disposições gerais

O organismo de certificação de produtos, obras, produções, etc. pode ser uma organização de qualquer forma de propriedade, com o estatuto de entidade jurídica, sem determinadas funções de poder (controlo), não dependente de fabricantes e consumidores de produtos e sem influência administrativa ou outra nos resultados da atividade de certificação, com a competência necessária no domínio do desenvolvimento, fabrico e certificação de determinados produtos, obras, serviços, produções, sistemas de qualidade na construção.

Uma organização que pretenda ser acreditada e funcionar como organismo de certificação de produtos deve dispor das instalações necessárias e dos procedimentos documentados, incluindo

- pessoal qualificado e especialmente formado;

- um fundo de documentos regulamentares que estabelecem o procedimento de controlo de inspeção dos produtos certificados, da produção certificada;

- registo de produtos, obras, serviços, produções e sistemas de qualidade certificados;

- oportunidades (condições) organizacionais e económicas para a realização dos trabalhos de certificação.

O trabalho de certificação é efectuado a pedido das organizações e empresas que fabricam ou fornecem um determinado produto (serviço, etc.). O âmbito da acreditação de um organismo de certificação inclui uma nomenclatura dos objectos certificados, as caraterísticas (parâmetros) confirmadas durante a certificação, uma lista de documentos normativos em conformidade com os quais a certificação é realizada e uma lista de documentos normativos para os métodos de ensaio.

O chefe do organismo de certificação e os especialistas que realizam a gestão dos trabalhos relativos às actividades principais do organismo devem, em regra, ser peritos-auditores certificados do sistema de certificação GOST RK.

4.6.2 Funções do organismo de certificação

A principal função do organismo de certificação é realizar a certificação de produtos, serviços, produções, sistemas de qualidade de objectos de certificação de acordo com o âmbito da sua acreditação, incluindo:

- receção e análise dos pedidos de certificação;

- seleção do sistema de certificação, determinação do procedimento de certificação;

- organizar e efetuar a certificação dos objectos de certificação;

- execução dos certificados de conformidade, sua contabilização e transferência para o Organismo Central de Certificação no domínio da construção para inscrição no Registo Estadual do Sistema de Certificação GOST RK;

- emissão, para os requerentes, de um certificado de conformidade e de uma licença para aplicar um certificado de conformidade;

- organização e realização do controlo de inspeção dos produtos certificados, da produção certificada e dos sistemas de qualidade certificados;

- manter registos dos produtos certificados e preparar publicações sobre os resultados da certificação;

- anulação ou suspensão dos certificados de conformidade que lhes tenham sido emitidos.

As funções do organismo de certificação são também:

- a constituição de um fundo de DT utilizadas na certificação e a sua atualização atempada;

- elaboração e manutenção de documentos organizacionais e metodológicos que estabeleçam as regras de funcionamento do organismo de certificação;

- recolha, armazenamento, análise e sistematização de informações sobre o nível de qualidade dos objectos de certificação nacionais e estrangeiros certificados;

- interação com os requerentes sobre o ajustamento atempado da qualidade dos objectos de certificação certificados em caso de alteração dos requisitos da DS.

4.7 Requisitos para os laboratórios de ensaio no sector da construção e o procedimento para a sua acreditação

4.7.1 Disposições gerais

A organização que solicita a acreditação e funciona no sistema de certificação GOST RK como laboratório (centro) de ensaios deve ser competente, independente dos fabricantes e consumidores dos produtos ensaiados, dispor das instalações necessárias e de procedimentos documentados para efetuar ensaios de produtos para efeitos de certificação, incluindo:

- equipamentos de ensaio e instrumentos de medição, instalações, etc;

- pessoal qualificado e especialmente formado;

- documentos jurídicos, organizacionais e metodológicos que estabelecem o procedimento e as regras para o ensaio de produtos e garantem a qualidade dos ensaios;

- fundo de documentos normativos para produtos e métodos de ensaio dos mesmos.

A acreditação de laboratórios de ensaio no sistema de certificação GOST RK é um reconhecimento oficial da sua competência técnica no ensaio de tipos específicos de produtos, bem como da independência do laboratório em relação aos criadores, fabricantes (fornecedores) e consumidores de produtos.

Os laboratórios de ensaio efectuam os ensaios dos produtos por conta dos organismos de certificação, com base nas decisões tomadas por estes últimos sobre as declarações - pedidos de certificação de produtos.

O âmbito da acreditação do laboratório de ensaios inclui a nomenclatura dos produtos ensaiados, a nomenclatura dos parâmetros determinados.

O laboratório de ensaios é responsável pela objetividade dos ensaios e pela fiabilidade dos resultados obtidos, bem como por garantir a confidencialidade das informações obtidas em resultado dos ensaios dos produtos.

Os requisitos aplicáveis ao pessoal do laboratório de ensaios, às instalações de ensaio, ao equipamento de ensaio e aos instrumentos de medição, a sua certificação e verificação, efectuados durante os ensaios, devem cumprir os requisitos do Sistema de Certificação GOST RK, estabelecidos nos documentos do Sistema. A utilização pelo laboratório de ensaios de equipamento de ensaio certificado e de instrumentos de medição verificados de outras organizações é permitida em casos excepcionais, por exemplo, em caso de avaria temporária do seu equipamento, e apenas mediante acordo com o organismo de certificação, com base na decisão de realização dos ensaios.

4.7.2 Estatuto jurídico do laboratório de ensaios

O estatuto jurídico do laboratório de ensaios deve conferir-lhe os direitos de uma entidade jurídica independente e a independência de ação no domínio dos ensaios, excluindo a dependência administrativa, financeira e comercial em relação aos fabricantes e consumidores de produtos.

Se o laboratório de ensaios não for uma entidade jurídica, mas fizer parte de uma organização (organismo de certificação) que seja uma entidade jurídica, será uma subdivisão estrutural dessa organização (organismo de certificação), desde que a organização seja independente dos fabricantes e consumidores de produtos.

O laboratório de ensaios que efectua os ensaios dos produtos para efeitos de certificação não pode ser uma subdivisão estrutural da organização fabricante ou consumidora dos produtos. O laboratório de ensaios deve ser dotado de um quadro permanente de especialistas com habilitações e formação profissional adequadas, incluindo formação especializada, qualificações e experiência em ensaios e controlo de qualidade.

4.7.3 Funções, direitos, deveres e responsabilidades do pessoal do laboratório de análises

As funções, os direitos, os deveres e as responsabilidades do pessoal do laboratório de ensaios, os requisitos em matéria de conhecimentos técnicos e de experiência profissional serão estabelecidos através de descrições de funções ou de outros documentos internos do laboratório, que serão revistos em tempo útil.

A estrutura do laboratório de ensaios pode prever a existência de subdivisões independentes que efectuem ensaios de grupos distintos de produtos ou de tipos distintos de ensaios.

O laboratório de ensaios pode fazer parte do organismo de certificação de produtos como sua subdivisão.

O chefe do laboratório de ensaios e os especialistas que supervisionam o trabalho nas principais actividades do laboratório devem ser peritos-auditores certificados do sistema de certificação GOST RK.

A principal função do laboratório de ensaios consiste em efetuar ensaios de produtos de construção para efeitos de certificação, de acordo com uma nomenclatura e tipos de ensaios fixados.

O laboratório de ensaios, em conformidade com a decisão do organismo de certificação, pode também proceder à amostragem de produtos para ensaio, analisar o estado da produção de produtos certificados, participar nos trabalhos de certificação da produção e dos sistemas de qualidade dos fabricantes e no controlo de inspeção dos produtos certificados, da produção e dos sistemas de qualidade.

4.7.4Requisitos para os documentos do laboratório de ensaios

O laboratório de ensaios acreditado deve dispor de um conjunto de documentos jurídicos e organizativos-metodológicos que garantam o seu funcionamento no sistema de certificação GOST RK durante os ensaios de produtos. O conjunto de documentos deve incluir

- regulamentos relativos ao laboratório de ensaios;

- passaporte do laboratório de ensaios;

- certificado de acreditação com o domínio da acreditação;

- o manual de qualidade do laboratório de ensaios;

- documentação de equipamentos de ensaio e instrumentos de medição;

- ND que regulamenta os requisitos aplicáveis aos produtos testados e aos métodos de ensaio;

- descrição das funções do pessoal do laboratório de ensaios.

O laboratório de ensaios deve ter:

- um sistema de registo e de registo que deve mostrar como cada teste foi realizado;

- **um** sistema de receção e análise das decisões de ensaio ou dos pedidos de ensaio de produtos do organismo de certificação e de emissão dos respectivos resultados;

-   procedimento de recolha, armazenamento, análise e sistematização de informações sobre o nível de qualidade dos produtos nacionais e estrangeiros.

4.7.5Procedimento de acreditação de um laboratório de ensaios

As organizações podem ser acreditadas como laboratórios de ensaio: institutos de investigação, gabinetes de conceção e desenvolvimento, sociedades anónimas, bem como se cumprirem os requisitos de independência em relação aos fabricantes e consumidores de produtos.

As organizações pertencentes a associações que incluam igualmente fabricantes ou consumidores de produtos e que não sejam terceiros do requerente não podem ser acreditadas como laboratórios de ensaio.

Procedimento para apresentação e análise de pedidos de acreditação de um laboratório de ensaios no sector da construção

Qualquer organização que satisfaça os requisitos acima referidos pode solicitar ao Diretor do Organismo Central de Certificação da Construção a acreditação como laboratório de ensaios. O pedido deve ser acompanhado de:

-   projeto de regulamento relativo ao laboratório de ensaios;

-   passaporte do laboratório de ensaios;

-   o manual de qualidade do laboratório de ensaios;

-   procedimento de preparação e realização de ensaios de produtos para efeitos de certificação num laboratório de ensaios;

-   uma cópia dos estatutos da organização candidata ou do seu certificado de registo;

-   ordem sobre a organização do laboratório de ensaios e a sua preparação para a acreditação.

O projeto de Estatuto do Laboratório de Ensaios deve incluir as seguintes secções:

-   domínio da acreditação;

- estatuto jurídico e estrutura administrativa e organizativa do laboratório de ensaios;

- funções de um laboratório de ensaios;

- direitos, deveres e responsabilidades do laboratório de análises;

- interação do laboratório de ensaios com outras organizações;

- informações sobre auditores especializados.

Procedimento de análise dos documentos necessários para a certificação

O organismo central de certificação examina o pedido e procede à análise dos documentos apresentados. Em caso de resultados positivos do exame, o organismo central de certificação elabora uma ordem de nomeação da comissão de verificação da conformidade do laboratório de ensaios com os requisitos do sistema de certificação GOST RK e do programa de trabalho da comissão de verificação do laboratório de ensaios e, em caso de resultados negativos, uma decisão de recusa fundamentada.

Verificação da conformidade do laboratório de ensaios com os requisitos do sistema de certificação GOST RK

A inspeção deve ser efectuada diretamente no laboratório de ensaios acreditado, em conformidade com o programa de inspeção.

No processo de verificação do laboratório de ensaios devem ser realizados ensaios de controlo dos produtos em conformidade com o âmbito da acreditação. De acordo com os resultados do trabalho da Comissão, será elaborado o ato de verificação da conformidade do laboratório de ensaios com os requisitos do Sistema de Certificação GOST RK, que reflecte a situação em todas as questões do programa de verificação e apresenta recomendações sobre a possibilidade de acreditação ou recusa da mesma.

Procedimento para a preparação dos documentos do laboratório de ensaios para coordenação e aprovação, execução, registo e emissão do certificado de acreditação

Com base no Ato da Comissão, o Organismo Central de Certificação ou, em seu nome, o Centro de Certificação na Construção, prepara para aprovação o Regulamento sobre o Laboratório de Ensaios, elabora o certificado de acreditação e a área de acreditação, elabora o acordo de licenciamento, que são submetidos para aprovação ao Comité Estatal de Construção da República do Cazaquistão. Após a aprovação destes documentos, o laboratório de ensaios é inscrito no registo estatal do sistema de certificação GOST RK. O certificado de acreditação registado e os documentos aprovados do laboratório de ensaios, bem como o contrato de licença, são enviados à organização requerente.

5   Lista das fontes utilizadas

1. Zubkov V.A., Sviridov V.N., Nagornyak I.N., Treskina G.E. Normalização e normalização técnica, certificação e ensaio de produtos na construção: livro didático. - Moscovo: Izd-vo ASV, 2003. - 224 c.

2. Krylova G.D. Fundamentos de normalização, certificação, metrologia: livro didático para universidades. - 2ª ed., revisão e aditamentos - M.: UNITI-DANA, 2001.- 711 p.

3. Lifíts I.M. Fundamentos de normalização, metrologia e certificação: livro de texto. - 2ª edição, revista e complementada - M.: Yurait-M, 2001. - 268 c.

4. Nagornyak I.N., Belan V.I., Soshkina G.I., Sviridov V.N. et al. Sistema de certificação GOST R. Certificação de produtos na construção: Manual metódico. - M.: GUP TSPP, 2000. - 189 c.

5. Okrepilov V.V. Gestão da qualidade: livro didático para universidades. 2ª ed., suplemento e revisão. - SPb: Nauka, - 2000. - 912 c.

6. Lei da RK "sobre a normalização", de 16 de junho de 1999, com alterações de 10 de junho de 2003 Lei da RK "sobre a garantia da uniformidade das medições"; Lei da RK "sobre a certificação", de 16 de junho de 1999, com alterações de 15 de janeiro de 2001, 11 de julho de 2001, 15 de dezembro de 2001 e 10 de junho de 2003.

7. ST RK RK 1.0-2000 "GSS RK. Disposições de base", ST RK 1.1-2000 "GSS RK. Normalização e actividades conexas. Termos e definições", ST RK 1.2 -2002 "GSS RK. A ordem de desenvolvimento das normas estatais".

8. Ovsyannikov O.A., Razu M.L. Organização da gestão na construção. M: V. shk., 2007.

9. Fedko BJL, Albekov A.U. Rotulagem e certificação de bens e serviços: Manual, Rostov-n/D: Phoenix, 2008.

10. ST RK ISO 9000 -2001 "Sistema de Gestão da Qualidade. Disposições básicas e vocabulário".

11. ST RK ISO 9001-2001 "Sistema de Gestão da Qualidade;.

Requisitos".

12. CTRK   1.0-2000   "Sistema   estatal de normalização do KR.

Disposições de base".

13. STRK   1.4-1999   "Sistema   estatal de normalização do RK.

Normas da empresa. Disposições básicas".

14. ST RK 1.12-2000 "Sistema Estatal de Normalização da República do
Cazaquistão. Documentos de texto normativo".

15. STRC 2.1-2000   "Sistema   estatal de normalização do KR.

Termos e definições".

16.   STRC 2.3-1997   "Sistema   estatal de normalização do KR.

Normas de unidades de grandezas físicas. Disposições básicas".

17. ST RK 2.18-2001 "Sistema de Medição do Estado da República do Cazaquistão.
Métodos de medição do desempenho. Procedimento de desenvolvimento, certificação
e aplicação".

18. GOST 8.010 "Sistema estatal de medições. Métodos de realização de medições".

19. GOST 8.401-80 "GSI. Classe de precisão dos instrumentos de medição.
Disposições gerais".

20. GOST 8.417-81 "GSI - Unidades de grandezas físicas".

yes
I want morebooks!

Buy your books fast and straightforward online - at one of world's fastest growing online book stores! Environmentally sound due to Print-on-Demand technologies.

Buy your books online at
www.morebooks.shop

Compre os seus livros mais rápido e diretamente na internet, em uma das livrarias on-line com o maior crescimento no mundo! Produção que protege o meio ambiente através das tecnologias de impressão sob demanda.

Compre os seus livros on-line em
www.morebooks.shop